ZEITSCHRIFT FÜR ANGEWANDTE GEOLOGIE

HERAUSGEGEBEN VOM
ZENTRALEN GEOLOGISCHEN INSTITUT
IM AUFTRAG DES
STAATSSEKRETARIATS FÜR GEOLOGIE

AUS DEM INHALT

AKADEMIE-VERLAG · BERLIN

BAND 18 / HEFT 1
JANUAR 1972
SEITE 1–48

PREIS: 6,– M
Sonderpreis DDR: 2,– M

Herausgeber: Prof. Dr. KARL SCHMIDT

Kollektive Chefredakton: Dr. KURT KAUTER (Redaktionssekretär), Prof. Dr. FRIEDRICH STAMMBERGER, Dr. habil. GERHARD TISCHENDORF

Redaktionsbeirat: Prof. Dr. GOTTFRIED PORSTENDORFER, Dr. WERNER REICHENBACH, Dipl.-Ing. WALTER SEHRING, Prof. Dr. ROLAND WIENHOLZ, Dipl. occ. RUDOLF WOERSCHING

Die ZEITSCHRIFT FÜR ANGEWANDTE GEOLOGIE berichtet ständig über folgende Arbeitsgebiete: Geologische Grundlagenforschung und Lagerstättenforschung / Methodik der geologischen Erkundung / Ökonomie und Planung der geologischen Erkundung / Technik der geologischen Erkundung / Geologie und Lagerstättenkunde im Ausland. In der Zeitschrift können alle strittigen Fragen der praktischen Geologie behandelt werden. Die Autoren übernehmen für ihre Aufsätze die übliche Verantwortung.

ZEITSCHRIFT FÜR ANGEWANDTE GEOLOGIE

Träger der Ehrennadel in Gold der Gesellschaft für Deutsch-Sowjetische Freundschaft

BAND 18 · JANUAR 1972 · HEFT 1

Glück auf 1972!

Das Jahr 1972 stellt der Geologie in der DDR weitere große Aufgaben. Sie beruhen auf den Beschlüssen des VIII. Parteitags der Sozialistischen Einheitspartei Deutschlands und ordnen sich ein in die mit der Direktive gegebene Hauptzielsetzung:

> *„Die Hauptaufgabe des Fünfjahrplans besteht in der weiteren Erhöhung des materiellen und kulturellen Lebensniveaus des Volkes auf der Grundlage eines hohen Entwicklungstempos der sozialistischen Produktion, der Erhöhung der Effektivität des wissenschaftlich-technischen Fortschritts und des Wachstums der Arbeitsproduktivität.“*

Zu ihrer Verwirklichung fällt der geologischen Industrie insbesondere die Aufgabe zu, einen höchstmöglichen Beitrag zur Versorgung der Volkswirtschaft mit mineralischen Rohstoffen aus einheimischen Ressourcen zu leisten. Vorrangig geht es dabei um den Ausbau der Energiebasis, wozu es notwendig ist, neue Erdgaslagerstätten zu erschließen und die Erdgasförderung forciert zu entwickeln.

Nicht weniger wichtige Aufgaben erwachsen aus der Entwicklung der Bau-, Glas- und keramischen Industrie sowie aus dem Bedarf an metallischen Rohstoffen. Hieraus ergibt sich an die geologische Industrie die Forderung, vor allem den Massenrohstoffen größeres Augenmerk zu widmen und alle Anstrengungen zu unternehmen, um neue Metallressourcen aus einheimischem Potential zur Verfügung zu stellen. Die Entwicklung einer koordinierten Rohstofforschung, -erkundung und -erschließung zwischen der Geologie, den Rohstoffe gewinnenden und nutzenden Bereichen, wie sie nachdrücklich in der Direktive unterstrichen wurde, bildet dabei einen wesentlichen Faktor.

Weiterhin erfordert die Deckung des ansteigenden Bedarfs an Trink- und Brauchwasser eine Erhöhung der Erkundung und Nutzung unserer Grundwasserressourcen.

Die Verwirklichung dieser Aufgaben macht aber auch notwendig, neue Wege einzuschlagen und Überlegungen anzustellen, wie die großen Ziele erreicht werden können. Es wachsen nicht nur die Anforderungen an die Planung und Leitung der geologischen Arbeiten, sondern auch die Herbeiführung eines engeren Zusammenwirkens mit den tangierenden Bereichen und Disziplinen des Bergbaus und der rohstoffverwertenden Industrie. Dazu müssen die vorhandenen Potenzen klug genutzt und eingesetzt werden, um bereits im 5-Jahrplan-Zeitraum volkswirtschaftlich wirksame Ergebnisse auf neuen Arbeitsgebieten zu erreichen.

Wir sind aufgerufen, in unserem Wirkungsbereich die sozialistische Rationalisierung durchzuführen und die technologischen Prozesse im Ablauf unserer Produktion voll zu beherrschen. Besonderer Wert wird auf die schöpferische Initiative der Arbeiter, Wissenschaftler und Leiter gelegt. Sie ist im Zusammenhang mit einer weitgehenden Senkung der Kosten und einer Erhöhung der Qualität unserer Arbeit zu sehen. Dabei wird es unsere Aufgabe sein, die neuesten wissenschaftlichen Erkenntnisse möglichst unverzüglich in der Produktion zu nutzen.

Die vor uns stehenden Aufgaben erfordern große Anstrengungen. Wir sind aber sicher, das Ziel unter Führung der Arbeiterklasse in unserem Staat zu erreichen, und wissen uns eng verbunden mit der Sowjetunion, die als Vorbild voranschreitet auf dem Weg des technisch-wissenschaftlichen Fortschritts und des Friedens.

Herausgeber und Redaktion

Zeitschrift für angewandte Geologie, Bd. 18 (1972), Heft 1

Bemerkungen zur geologischen und strukturellen Charakterisierung der wolframführenden Mineralisationen, insbesondere der Quarz-Wolframit-Gänge des Westerzgebirgischen Teilplutons (Teil 1)

FRIEDRICH SCHUST, Berlin

1. Allgemeines

Im Gegensatz zu den Lagerstätten und Vorkommen der Sn-W-Formation im östlichen und mittleren Erzgebirge gibt es im Bereich des Westerzgebirgischen Teilplutons (Definition siehe TISCHENDORF u. a. 1965) eine relativ vollkommene Trennung zwischen den Verbreitungsgebieten der Wolfram- und der Zinnvererzungen (OELSNER 1952). Die Quarz-Kassiterit-Gänge, die mit ihnen verbundenen Kassiterit führenden Greisen und die Kassiterit führenden Skarne sind fast ausschließlich auf das Eibenstocker Massiv und seinen Kontakthof und damit auf das Verbreitungsgebiet der Granite des jüngeren postorogenen Intrusivkomplexes beschränkt. Wolframit tritt innerhalb der Kassiteritmineralisationen nur in mineralogisch interessierenden Mengen auf. Die Wolframvererzungen dagegen sind räumlich vorwiegend an die Granite des älteren postorogenen Intrusivkomplexes gebunden.

Da sich die Kassiterit führenden Gänge strukturell anders verhalten als die Wolframit führenden Trümer und letztere gemeinsame Verbreitungsgebiete mit Wolfram führenden Skarnen besitzen und außerdem ihre altersmäßigen und genetischen Zuordnungen revisionsbedürftig sind, ergab sich die Notwendigkeit einer kritischen Bewertung und Auswertung des strukturellen und allgemeingeologischen Verhaltens der Wolfram führenden Mineralisationen des Westerzgebirgischen Teilplutons. Durch diese Untersuchung, die fast ausschließlich auf Veröffentlichungen basiert, sollen die im Rahmen der Arbeiten zur Metallogenie des Zinns im Erzgebirge in den letzten Jahren gewonnenen Kenntnisse erweitert werden. Für kritische Hinweise und Diskussionen möchte ich vor allem G. TISCHENDORF, J. WASTERNACK und H. BOLDUAN herzlich danken.

2. Strukturelle Klassifizierung der Wolframvererzungen und ihrer Anordnung im Raume

Die zunehmend intensivere genetische Untersuchung der Erzlagerstätten und die Mathematisierung der Geologie erzwingen einen einheitlichen Gebrauch der verschiedenen Fachtermini. Nachstehend wird versucht, die kennzeichnenden Termini der Verbreitung von Wolframvererzungen und ihrer Anordnung im Raume in enger Anlehnung an die von TISCHENDORF, LÄCHELT & RENTZSCH (1969) bei der metallogenetischen Rayonierung der DDR verwendeten Termini zu spezifizieren. Die Empfehlungen von SCHATALOW (1970) fanden Berücksichtigung als zweite Möglichkeit der Benennung (in Klammern gesetzt).

Ausgang der Betrachtung ist der Wolframerz führende Bereich des Erzgebirges und Vogtlands. Da dieses Bezugsgebiet, wie jeder andere Wolframerz führende Bereich, sowohl allgemeine, d. h. weltweit geltende, als auch besondere, d. h. speziell ihm zugehörige, Charakteristika besitzt, trägt das Klassifikationsschema naturgemäß auch „provinziellen" Charakter. Deswegen kommt es, gegenüber den von TISCHENDORF u. a. (1969) und SCHATALOW (1970) verwendeten Schemata, zu bestimmten Erweiterungen, die durch den anderen Klassifikationsgegenstand und die lokale Anordnung und Verbreitung der Wolframerzvorkommen im Westerzgebirgischen Teilpluton (z. B. Einführung eines „Unterbezirks") und durch das Streben nach einer strukturellen Klassifizierung aller, d. h. auch der kleineren, Wolframerzverbreitungen bedingt sind.

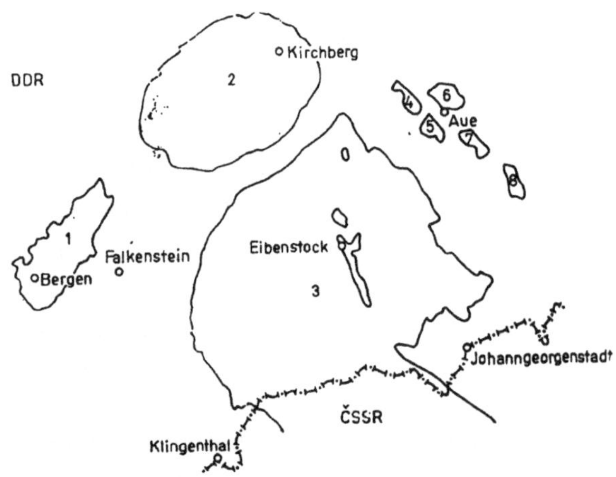

Abb. 1. Lage der Granitmassive im Westerzgebirge — Vogtland

1 — Bergen; 2 — Kirchberg; 3 — Eibenstock; 4 — Oberschlema; 5 — Auerhammer; 6 — Aue—Zelle; 7 — Lauter; 8 — Schwarzenberg

Entsprechend der Form der Wolframerz führenden Bereiche unterscheidet die Klassifizierung lineare und isometrische Verbreitungsgebiete.

Wolframerze treten im Westerzgebirgischen Wolframiterzverbreitungsgebiet in der Hauptsache in Form von Erzkörpern auf, und zwar als

a) Quarz-Wolframit-Trümer,
b) Wolfram führende Greisen,
c) Wolframit und Kassiterit führende Erzschläuche (nur vom Hahnewalder Gang bei Gottesberg bekannt),
d) Wolfram führende Skarne.

Während bei a), b) und c) der Wolframit das bei weitem vorherrschende Wolframmineral ist, übernimmt bei den Wolfram führenden Skarnen der Scheelit diese Rolle. Wolframit und Scheelit sind seit längerer Zeit aus dem Westerzgebirge und Vogtland bekannt. Das erste größere Quarz-Wolframit-Gangvorkommen wurde im Ergebnis der sächsischen Landeskartierung gefunden

Eingang des Manuskripts in der Redaktion: 1. 7. 1971.

(Gertrud Fdgr. bei Tirpersdorf durch SCHRÖDER 1890). Der Nachweis eines größeren Scheelitvorkommens bei Zobes gelang bei umfassenden Untersuchungen der SDAG Wismut (KURDJUKOW & FEIRER 1963).

Für die Anlage der Quarz-Wolframit-Trümer sind praktisch nur die tektonischen Spalten bestimmend. Wolframit führende Greisen treten an den Salbändern der Quarz-Wolframit-Trümer auf, die in Graniten aufsetzen. Die schlauchartigen Wolframit-Kassiterit-Erzkörper sind nur vom quarz-serizit-reichen Hahnewalder Gang bei Gottesberg bekannt. Im Gegensatz zu den Quarz-Wolframit-Trümern und den Greisengängen sind für eine strukturelle Betrachtung der Scheelit führenden Skarne neben der tektonischen Anlage der durchsetzenden Trümerzüge noch die Formen der Skarnkörper von Bedeutung. Der unzureichende Stand der Untersuchung der Scheelit führenden Skarne gestattet nur sehr unvollständig, diesen Lagerstättentyp in die Klassifizierung einzubeziehen. Derartige Skarnvorkommen sind uns allerdings auch nur aus der Nähe von Quarz-Wolframit-Trümer-Vorkommen bekannt.

Es wird folgendes Klassifikationsschema verwendet:

Wolframerz-Subzone: (nach SCHATALOW 1970 = Erzrevier)	Wolframerzverbreitungsgebiet im Bereich des räumlich und stofflich einheitlich aufgebauten Erzgebirgsplutons (Erzgebirge, Vogtland, Slavkovsky Les) Ausdehnung: max. 150 × 40 km
Wolframerz-Bezirk: (= Erzzone)	Wolframerzverbreitung in einem Teilpluton des Erzgebirgsplutons. Beispiele: Ost-, Mittel- und Westerzgebirgischer Teilpluton, Teilpluton des Slavkovsky Les Ausdehnung: ca. 20 × 10 km
Wolframerz-Unterbezirk: (= Erzfeld)	Größeres zusammenhängendes Gebiet mit Wolframerzverbreitung innerhalb eines Wolframerz-Bezirks. Beispiele aus dem westerzgebirgischen Bezirk: Unterbezirk Westkontakt Eibenstokker/Neudeker Massiv (von Schnekkenstein bis Rotava), Unterbezirk von Tirpersdorf bis Weißbach, Unterbezirk von Griesbach bis Pöhla Ausdehnung: 10 × 2 km
Wolframerz-Revier: (= Untererzfeld)	Zusammenhängende, jedoch voneinander isoliert liegende Wolframerzhäufungen. Beispiele im Unterbezirk Tirpersdorf —Weißbach: Revier Tirpersdorf bis Pillmannsgrün Revier Pechtelsgrün—Stangengrün—Wernesgrün Ausdehnung 4 × 2 km
Wolframerz-Lagerstätten bzw. Vorkommen: (= Erzlagerstätte)	Wolframittrümerhäufungen innerhalb eines Reviers. Beispiele im Revier Pechtelsgrün—Stangengrün—Wernesgrün: Lagerstätte bzw. Vorkommen: Pechtelsgrün Galgenberg Jagdhütte Winkel Wernesgrün Ausdehnung: 1—2 km × 0,5 km
Wolframerz-Trümerzug: (= Erzkörper)	Diese stellen Bündel von Einzeltrümern dar, wie sie in einigen Vorkommen und Lagerstätten häufiger sind. Beispiele: im Vorkommen Aue—Bärengrund im Vorkommen Zschorlau im Vorkommen Tirpersdorf Ausdehnung: ca. 0,5 km × 0,05 km
Einzeltrum: (= Erzkörper)	Diese kleinste hier ausgehaltene Einheit kann unterschiedliche Ausmaße erreichen. Das hängt von der tektonischen Entstehung der mineralisierten Spalten ab. Fiedertrümer werden max. 30 bis 50 m lang. Scherspaltengänge können eine größere Erstreckung haben.

3. Regionale Auswertung wichtiger Charakteristika der Quarz-Wolframit-Gänge des Westerzgebirges und Vogtlands

Die folgenden Betrachtungen sind auf die Auswertung folgender Literatur begründet:

Lagerstätte bzw. Vorkommen:	
Tirpersdorf und Pillmannsgrün	— BOLDUAN 1964
Eich	— OELSNER 1952; BARTH 1953
Pechtelsgrün	— BOLDUAN 1954; BAUMANN, DONATH & KRETZSCHMAR 1964
Jagdhütte, Galgenberg und Winkel	— BOLDUAN & SIPPEL 1964
Wernesgrün	— LIPPOLD 1960; FRANKE & FRÖHLICH 1964
Weißbach	— OELSNER 1952
Griesbach,	— OELSNER 1952
Zschorlau	— BAUMANN 1951; OELSNER 1952; BARTH 1954
Aue und Lauter	— BOLDUAN, HÖSEL & SIPPEL 1964
Gottesberg	— OELSNER 1952; DONATH 1964
Kielberg—Schneckenstein (Grube Tannenberg)	— BAUMANN & GORNY 1964, KAEMMEL 1964, DONATH 1964
Brunndöbra (Grube „Luise")	— JUNKER 1928; OELSNER 1952; DONATH 1964
Rotava—Kraslice	— FISCHER 1940; WOLF 1941; CHRT 19..?

Streichen, Fallen und Mächtigkeiten

Bis auf die Lagerstätte Gottesberg zeigen alle übrigen Quarz-Wolframit-Trümer bzw. Trümergruppierungen ein sehr einheitliches Streichen. Die Streichmittelwerte aller Vorkommen — außer Gottesberg — schwanken zwischen 135° und 165°. Der Durchschnitt dieser Werte beträgt 150°. Das Streichen ist im gesamten betrachteten Bereich sehr konstant (Tab.).

Wesentlich anders ist dies beim Fallen. Von den Fallmittelwerten der betrachteten Vorkommen bzw. Lagerstätten sind zehn Nordost und fünf Südwest gerichtet. Das Fallen der Einzeltrümer schwankt in einzelnen Vorkommen in sehr weiten Grenzen, z. B. in Aue—Bärengrund zwischen 30° SW über saiger bis 60° NE bei einer Mittelwertlage von 50° SW. Die mittleren Fallwerte können auch in den Teilgebieten eines Vorkommens verschiedene Größe und Fallrichtungen besitzen (ebenfalls Aue—Bärengrund).

Beachtenswert ist die Tatsache, daß fast alle NW streichenden Quarz-Wolframit-Gänge in Granitgebieten NE fallen (Pechtelsgrün, Jagdhütte, Galgenberg, Winkel) (Abb. 2).

Die Mächtigkeiten der Einzeltrümer sind in der Regel kleiner als ein Meter und betragen im allgemeinen nur wenige Zentimeter. Die Mächtigkeitsschwankungen können bei Fiedertrümern sehr schroff sein. Die Diskussion eines Zusammenhangs zwischen bestimmten Streichrichtungen, bestimmten Metallgehalten und be-

Tabelle. Geologische Hauptcharakteristik der Quarz-Wolframit-Gänge im Bereich des Westerzgebirgischen Teilplutons

Vorkommen Lagerstätte	Wolframerz-Unterbezirk	Entfernung vom Granitkontakt (Horizontal-projektion) m	Nebengestein	Mittl. Streichen in Altgrad	Mitt. Fallen in Grad		Mächtigkeit/m	
					SW	NE	max.	mittl.
Tirpersdorf und Pillmannsgrün	Tirpersdorf – Weißbach	3000 1000	Kontaktschiefer	160° (115° üb. N bis 15°)	–	55° (15–80°)	0,55	0,09
Eich		800	Kontaktschiefer	135° (120–165°)	60° (40–80°)	–		
Pechtelsgrün		3500	Granit	145°	–	70–80°	0,6	
Jagdhütte		}	Granit	150° (140–160°)	–	70°	0,8	
Galgenberg		} 4000	Granit	150° (145–160°)	–	50–75°	0,8	
Winkel		}	Granit	160° (145–165°)	–	75° (75–80°)	0,5	
Wernesgrün		100	Kontaktschiefer	160°	?	?	?	
Weißbach	Griesbach –	100	Kontaktschiefer	165°	45°	–	0,12	
Griesbach	Pöhla	1000	Kontaktschiefer	150°	–	75°	0,8	
Gleesbach		30	Kontaktschiefer/Granit	135°	–	80°	wenige cm	
Zschorlau		200	Kontaktschiefer	140°	–	60° (50–70°)	0,5	0,2 bis 0,3
Aue – Bärengrund		800	Kontaktschiefer	130–150°	50° (30° SW über saiger bis 70° NE)	–		0,14
Lauter		1000	Kontaktschiefer	130–140°	75° (50–80° SW)		0,6	
Gottesberg	Schneckenstein – Rotava	2500	Greisen u. Granit	70–80°!	75–80° SE!		0,2	
Kielberg – Schnekkenstein		300	Greisen	NW	–	steil	0,15	
Brunndöbra		0	Kontaktschiefer	135–160°	–	15–25°	0,2	
Rotava – Kraslice		0	Kontaktschiefer	NW	steil		0,4	} ?
Rotava – Kraslice		0	Granit	NW	10–15°	–	0,25	}

stimmten Mächtigkeiten der Quarz-Wolframit-Gänge entfällt durch die geringen Streichwertdifferenzen.

Bei der Betrachtung des Zusammenhanges zwischen der Fallrichtung und der Mächtigkeit bzw. den Metallgehalten der Gänge fällt auf, daß die bedeutendsten Gänge des Vorkommens Lauter im Gegensatz zur Fallrichtung des Fallmittelwertes nach NE fallen.

Die räumliche Anordnung der Einzeltrümer und Trümerkollektive

Die räumlichen Beziehungen der einzelnen Quarz-Wolframit-Trümer zueinander sind ebenfalls untersucht worden, wenn auch nur in wenigen Lagerstätten und Vorkommen und dort nur an einzelnen Gängen. Dagegen sind in der Literatur die räumlichen Beziehungen von Trümerkollektiven zueinander, z. B. die der verschiedenen Quarz-Wolframit-Trümerzüge eines Vorkommens, praktisch überhaupt nicht behandelt worden, obwohl gerade dieses Problem eine Wolframlagerstättenprognose stark beeinflußt. Vor allem aus diesem Grunde gibt es nur wenige Daten, die eine nähere Auswertung gestatten.

Im allgemeinen werden die Quarz-Wolframit-Trümer als Fiedertrümer (Zugspalten) angesehen, die durch Zerrungen entstanden sind. Derartige Deutungen betreffen Vorkommen sowohl in Granitgebieten (z. B. Pechtelsgrün) als auch in Phyllitgebieten (z. B. Aue—Bärengrund). Daneben befinden sich Quarz-Wolframit-Trümer auf Scherspalten oder Ruschelgängen (Aue—Bärengrund).

Die Fiedertrümer erreichen in den schiefrigen Gesteinen von Tirpersdorf 60—70 m und im Granit des Vorkommens Galgenberg 40 m Länge. Scherspaltengänge im Phyllit des Bärengrundes sind länger als 90 m.

Die Art des Nebengesteins wirkt modifizierend auf Gestalt und Mächtigkeit der Trümer. Die Trümer, die im Quarzitschiefer von Aue—Bärengrund aufsetzen, besitzen meist eine kurze Erstreckung, z. T. auch flacheres Einfallen. In den weicheren und stärker geschieferten Knotenschiefern und Phylliten kann die Spaltenbildung mehr oder weniger unterdrückt sein, da die spaltenerzeugenden Bewegungen durch Gleitvorgänge auf den Schieferungsflächen teilweise abgefangen wurden.

Die Art des Nebengesteins kann die Anordnung der Trümer und Trümerzüge im Raum beeinflussen. So ist der Streubereich der Trümer im Streichen und im Fallen in den Granitmassiven nicht so groß wie außerhalb.

Die Streichwertschwankungen können von einem Teilgebiet eines Vorkommens zu einem anderen Teilgebiet beträchtlich sein. Die Ursachen hierzu sind vermutlich lokaler Natur.

Interessant ist die Feststellung, daß die Trümer in Granitgebieten (Galgenberg und Pechtelsgrün) nach der Teufe zu teilweise flacher einfallen (BOLDUAN & SIPPEL 1964).

Die Anordnung der Einzeltrümer zueinander ist generell kulissenartig (Abb. 3). Die Entfernung zwischen den Kulissen senkrecht zu ihrem Streichen ist von unterschiedlichem Betrag. Im Extremfall setzen die Trümer fast ineinander fort, wobei die auskeilenden Enden einander unter leichter Verbiegung nach außen überlappen.

Von Interesse ist die innere Regelmäßigkeit der kulissenartig angeordneten Trümerkollektive (Abb. 4). In allen beobachteten Fällen war die Anordnung im Fallen immer gleich: Das neue Trum setzt stets im Liegenden des auskeilenden Trums ein. Allerdings muß einschränkend betont werden, daß die in diesem Zusammenhang auswertbaren Beispiele (Tirpersdorf, Pechtelsgrün, Jagdhütte, Griesbach und Zschorlau) sämtlich ein NE gerichtetes Generalfallen besitzen.

Zeitschrift für angewandte Geologie, Bd. 18 (1972), Heft 1

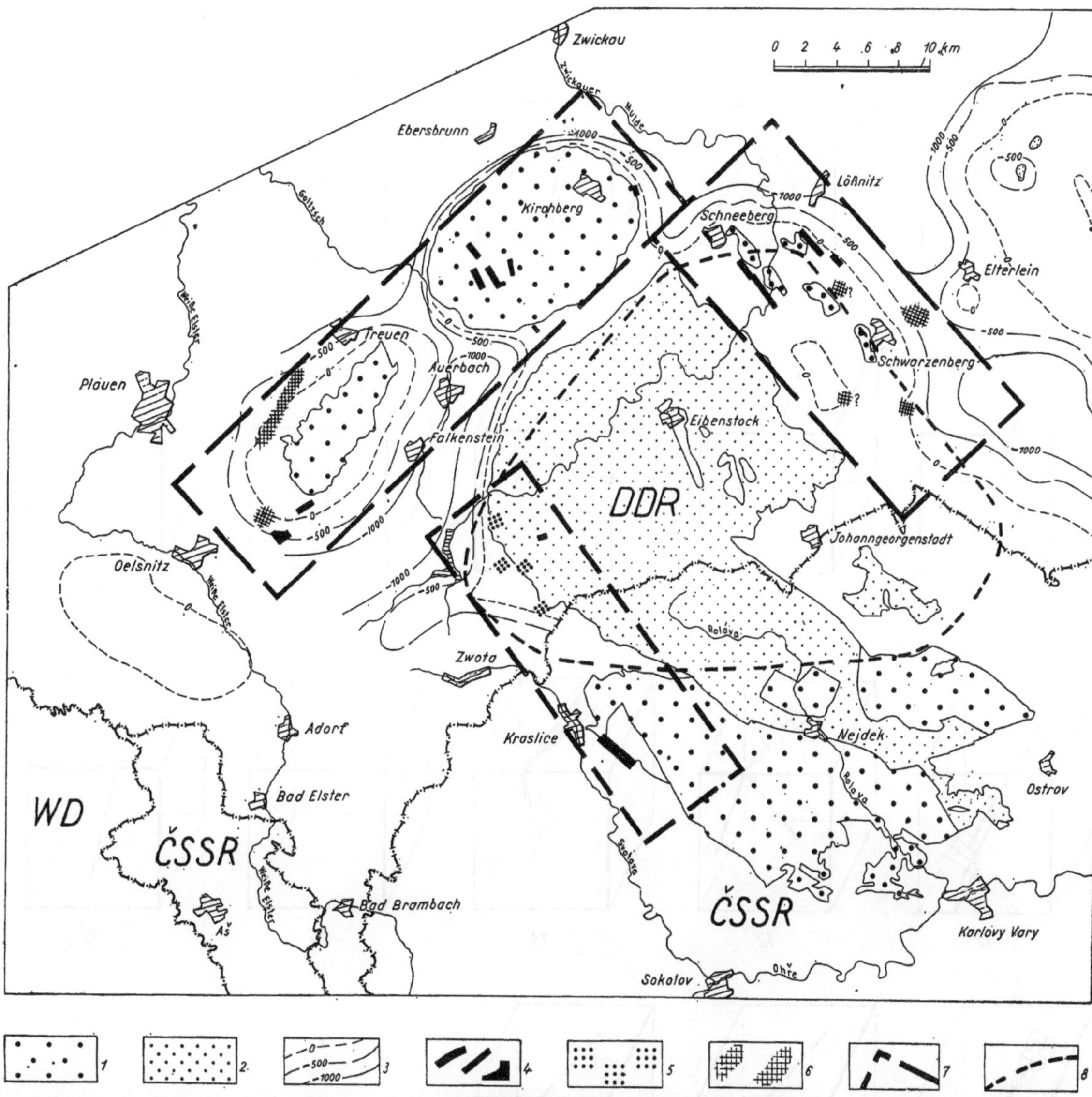

Abb. 2. Verbreitungsgebiete der Wolfram- und Zinnvererzungen im Nordteil des Plutons von Eibenstock—Karlovy Vary (Topographie, Granitverteilung und Granitoberfläche nach TISCHENDORF u. a. 1965; Quarz-Wolframit-Lesesteinfelder und Scheelit-Skarn-Vorkommen nach BOLDUAN 1964; BOLDUAN & SIPPEL 1964; BOLDUAN, HÖSEL & SIPPEL 1964; KURDJUKOW & FEIRER 1963; GALILÄER, HÖSEL & UTECHIN 1964; G. FISCHER 1940; BARTH 1953, 1954; DONATH 1964)

1 — älterer postkinematischer Granitkomplex; 2 — jüngerer postkinematischer Granitkomplex; 3 — Isolinien der Granitoberfläche; 4 — Quarz-Wolframit-Lesesteinfelder; 5 — Wolframanomalien und Gebiete mit vereinzelt auftretenden Quarz-Wolframit-Trümern; 6 — Scheelitvorkommen in Skarnen; 7 — Wolframerzbezirke; 8 — Zinnerzverbreitungsgebiet

Die Auswertung der Anordnung im Streichen zeigt in drei Fällen, daß das neue Trum im SE des alten Trums nach NE versetzt ansetzt (Pechtelsgrün, Griesbach, Zschorlau). In einem Falle setzen die neuen Trümer im SW an (Lauter). Die Ursachen der abweichenden Anordnung in Lauter sind unklar. Möglicherweise spielt die NE-Flankenlage eine Rolle.

Das unterschiedliche Nebengestein (Granit und Kontaktschiefer) übt offensichtlich keine bedeutende Rolle auf die generelle Ausbildung und Anordnung der Kulissen aus.

Interessant sind ferner die von BAUMANN u. a. (1964) mitgeteilte Ausbildung und Anordnung des Pechtelsgrüner Trümerzuges auf den einzelnen Sohlen der Grube Pechtelsgrün (Abb. 5). Da von anderen Vorkommen derartige Hinweise fehlen, lassen sich keine Vergleiche und daraus abgeleiteten Schlußfolgerungen ziehen.

Die Beziehungen der Quarz-Wolframit-Trümer zu den Granitintrusionen und der Lage der Granitoberfläche

Offensichtlich bestehen Beziehungen zwischen der räumlichen Lage der Granitoberfläche und dem Einfallen der Quarz-Wolframit-Trümer (Abb. 2, 6). In den Vorkommen, die im Rahmen der Granitmassive liegen, stehen die Hauptspalten mehr oder weniger senkrecht auf der betreffenden Granitoberfläche. So fallen die Quarz-Wolframit-Trümer von Tirpersdorf, Pillmannsgrün, Griesbach, Zschorlau, Kielberg—Schnek-

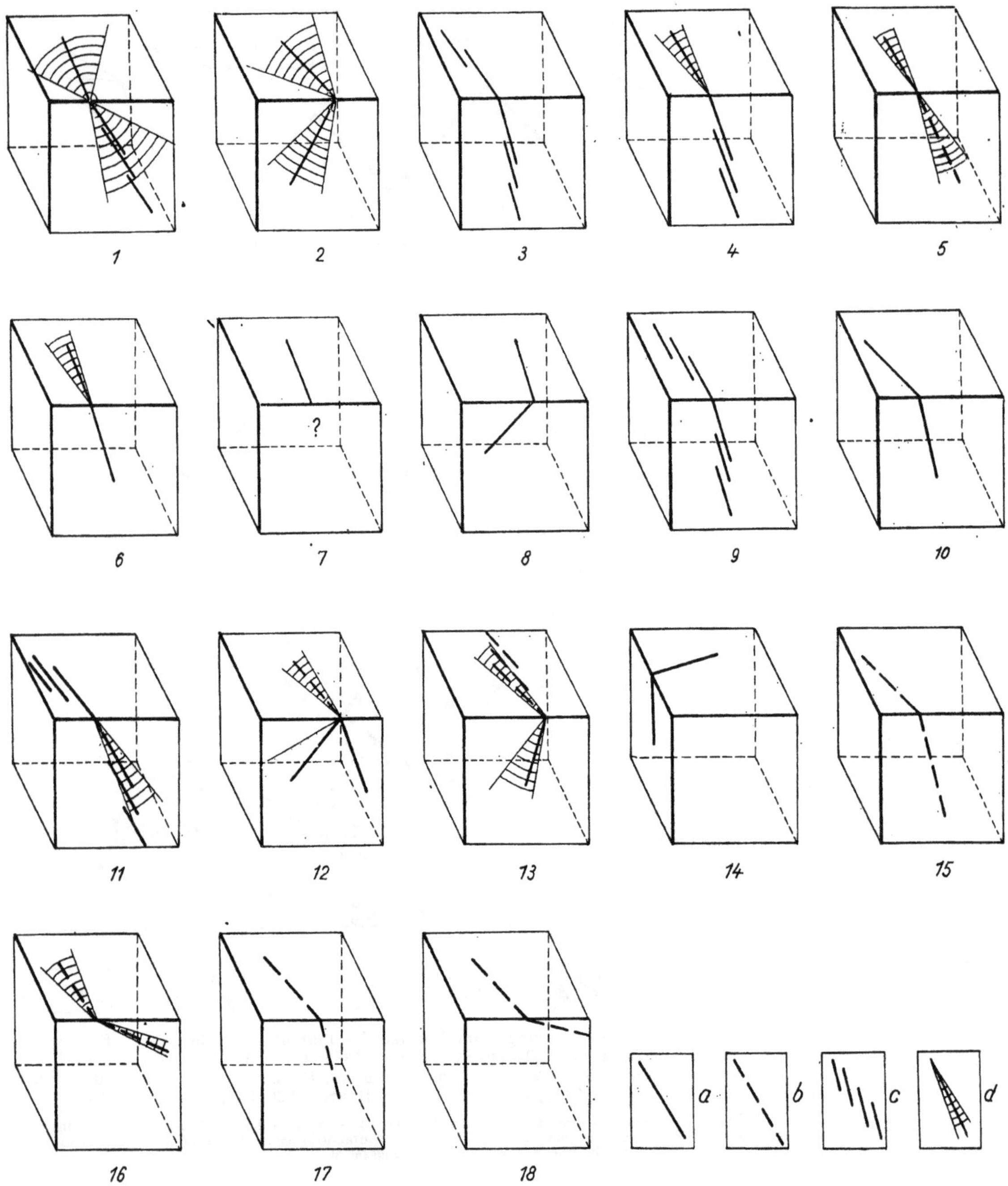

Abb. 3. Schematische Darstellung der Raumlage der Quarz-Wolframitgänge des Westerzgebirgischen Teilplutons

1 – Tirpersdorf und Pillmannsgrün; 2 – Eich; 3 – Pechtelsgrün; 4 – Jagdhütte; 5 – Galgenberg; 6 – Winkel; 7 – Wernesgrün; 8 – Weißbach; 9 – Griesbach; 10 – Gleesberg; 11 – Zschorlau; 12 – Aue–Bärengrund; 13 – Lauter; 14 – Gottesberg; 15 – Kielberg–Schneckenstein; 16 – Brunndöbra; 17 und 18 – Rotava–Kraslice

a – Mittel- oder Einzelwerte der Raumlage von Quarz-Wolframit-Trümern; b – Vorkommen mit ungefährer Raumlageangabe; c – nachgewiesene kulissenartige Raumlage; d – nachgewiesener Streubereich der Einzelwerte. (Im Raumbild 12 entsprechen der Fallwert 50° SW dem arithmetischen Mittel und der Fallwert 70° NE der mächtigsten Trumentwicklung.)

kenstein, Brunndöbra nach NE ein. Eine Ausnahme bildet anscheinend Rotava. Die im NE der Granitmassive liegenden Quarz-Wolframit-Trümer von Eich, Weißbach, Aue–Bärengrund und Lauter fallen nach SW. (Wie schon erwähnt, fallen die Quarz-Wolframit-Trümer innerhalb von Granitmassiven steil nach NE.)

Die Ursache dieser Erscheinung ist schwierig zu bestimmen. Der teilweise noch vertretenen Anschauung einer Entstehung der Wolframittrümer aus den bei der Erstarrung des granitischen Magmas frei werdenden Restlösungen, die die Beziehung zwischen der Lage der Granitoberfläche und der Lage der Quarz-Wolframit-Trümer des Massivrahmens relativ zwanglos erklärte, kann nicht zugestimmt werden. Dagegen spricht vor allem die Position der Quarz-Wolframit-Trümerbildung in der endogenen Phasenfolge.

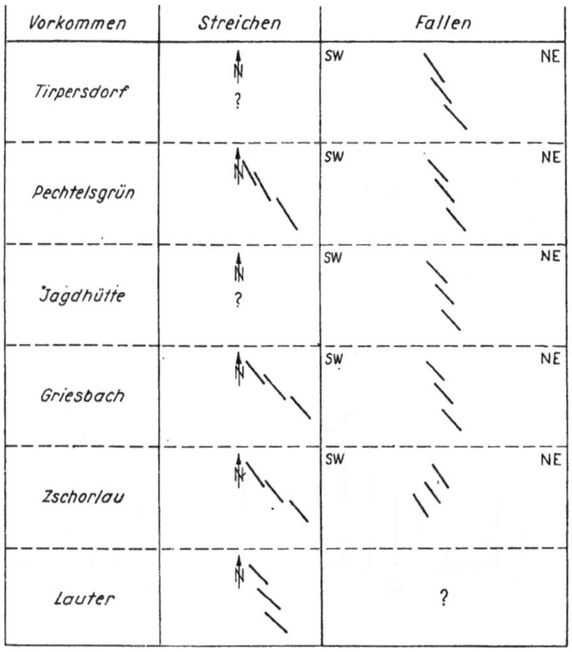

Abb. 4. Schema der kulissenartigen Anordnung der Quarz-Wolframit-Trümer im Westerzgebirge—Vogtland (nach Angaben von BOLDUAN, HÖSEL & SIPPEL 1964; BOLDUAN 1964; BOLDUAN & SIPPEL 1964; OELSNER 1952)

So ergibt sich nach Angaben aus BAUMANN u. a. (1964) und BOLDUAN & SIPPEL (1964) für die Lagerstätte Pechtelsgrün im Kirchberger Granitmassiv folgende generelle Altersfolge der endogenen Bildungen (vom älteren zum jüngeren Gestein):

Grobkörniger porphyrischer Biotitgranit
Mittelkörniger Biotitgranit
1. Nachschubgranit (Innengranit)
2. Nachschubgranit (feinkörniger Granit)
Aplite
Granitporphyr
Glimmergreisen
Quarz-Wolframit-Gänge
Dichter Lamprophyr
Porphyrischer Lamprophyr

Aus dieser belegten Altersfolge und der räumlichen und stofflichen Selbständigkeit der angeführten geologischen Elemente läßt sich ableiten, daß die einzelnen Granitphasen bereits erstarrt und geklüftet waren, als die Quarz-Wolframit-Trümer gebildet wurden. Folglich können die Spalten, in denen sich die Quarz-Wolframit-Paragenese ablagerte, unter Umständen prototektonischer Entstehung sein, müssen aber dann durch regional wirkende tektonische Beanspruchungen während der Entwicklung der Quarz-Wolframit-Mineralisation wieder geöffnet worden sein.

Die vorhandene Beziehung zwischen der Lage der Granitoberfläche und der Fallrichtung muß also genetisch anders erklärt werden. Eine zufriedenstellende Erklärung dafür kann gegenwärtig nicht gegeben werden. Möglicherweise kann das unterschiedliche mechanische Verhalten der Granitmassivkörper und der Phyllite und Schiefer des Rahmens bei regionalen Beanspruchungen die gesuchte Hauptursache sein.

Sohle	M_L [m]	n	M_T [cm]	M_G [m]
50 m	2–4	10–17	40–60	1,8
100 m	1,5–2	6–8	50–60	1,2
150 m	1,2–1,5	5–8	50–60	1,0
180 m	1,0–1,2	2–3	50–60	0,8
230 m	0,8–1,0	1–2	50–60	0,4
290 m	0,8–1,0	1	50–70	0,3
350 m	1,0–8,0	3–5	50–70	0,3
400 m	8,0	6–8	30–70	0,3

Schema

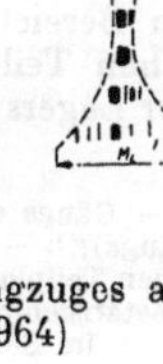

M_L – Gesamtmächtigkeit der Lagerstätte
n – Anzahl der Gangtrümer
M_T – Mächtigkeit der Gangtrümer
M_G – Mächtigkeit der Greisenbänder

Abb. 5. Die Ausbildung des Pechtelsgrüner Gangzuges auf den einzelnen Sohlen (n. BAUMANN u. a. 1964)

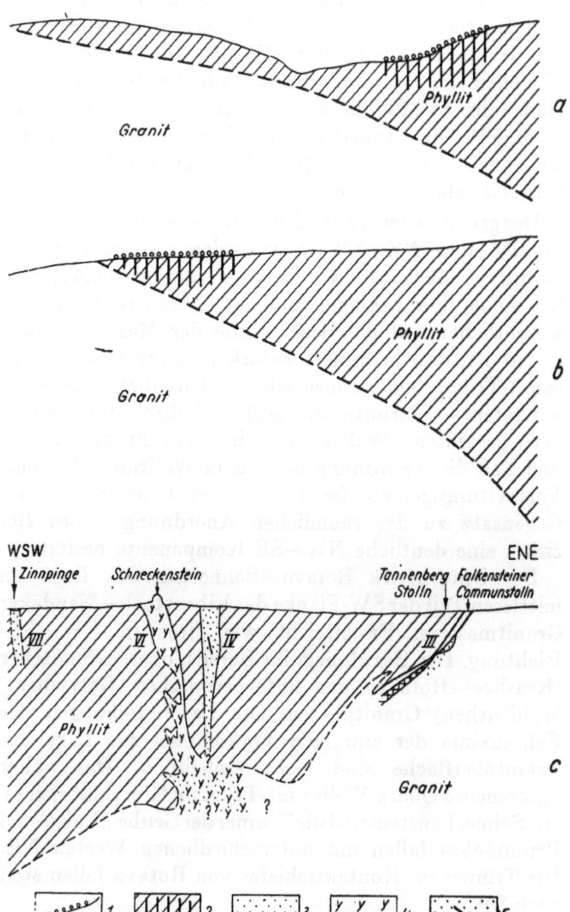

Abb. 6a. Schematisches Profil der Lage der Granitoberfläche am Bretthaus bei Lauter (nach TISCHENDORF u. a. 1965) und der Lage der Quarz-Wolframit-Gangverbreitung (nach BOLDUAN, HÖSEL & SIPPEL 1964)

Abb. 6b. Schematisches Profil der Lage der Granitoberfläche zwischen Lößnitzbachtal und Bärengrund (Kuttenbachtal) am NE-Kontakt des Gesamtmassivs von Aue—Zelle (nach Daten aus HARLASS & SCHÜTZEL 1965) und der Lage der Quarz-Wolframit-Gangverbreitung (nach BOLDUAN, HÖSEL und SIPPEL 1964, 1965)

Abb. 6c. Schematisches Profil der Lage der Granitoberfläche mit den Greisenkörpern III, IV, VI und VII am W-Kontakt des Eibenstocker Massivs (nach BOLDUAN, BAUMANN & GORNY 1964)

1 – Quarz-Wolframit-Lesesteinverbreitung; 2 – Verbreitungsgebiet von Quarz-Wolframit-Gängen; 3 – Greisenkörper; 4 – Schneckenstein-Brekzie; 5 – Quarz-Wolframit-Gang

Die räumliche Anordnung der Wolframerz-Unterbezirke und Beziehungen zu den Granitmassiven

Von großer Bedeutung für unsere Betrachtung sind die Gruppierung der Wolframerzvorkommen und -reviere zu Unterbezirken und die Anordnung der Wolframerzunterbezirke zueinander und ihre räumliche Bindung an verschiedene Granitmassive im Westerzgebirgischen Wolframerzbezirk (Abb. 2).

Der Unterbezirk Griesbach—Pöhla umfaßt beide Flanken der NW—SE streichenden, vermutlich oberkarbonischen Granitaufwölbung, die in den kleinen Massiven von Oberschlema, Auerhammer, Aue—Zelle und Lauter zutage tritt. Der Unterbezirk streicht wie die Granitaufwölbung NW—SE. In Abhängigkeit vom Einfallen der Granitoberfläche fällt das Maximum der Gänge der SW-Flanke nach NE und das der NE-Flanke nach SW ein. Innerhalb der kleinen Granitmassive sind nur unbedeutende Quarz-Wolframit-Trümer (z. B. Stbr. Gleesberg) bekannt.

Der große Unterbezirk Tirpersdorf—Weißbach streicht parallel den NE—SW streichenden oberkarbonischen Granitaufwölbungen von Bergen und Kirchberg. Er hat keine Flankenlage, sondern konzentriert sich im wesentlichen auf die Scheitellinie der Massive. Interessant ist, daß in diesem Bezirk mehrere Quarz-Wolframit-Trümerfelder innerhalb des Kirchberger Massivs auftreten — darunter die größte Wolframitlagerstätte der gesamten Wolfram-Provinz (Pechtelsgrün) — und daß die Anordnung der Quarz-Wolframit-Trümer-Verbreitungsgebiete im Kirchberger Granitmassiv im Gegensatz zu der räumlichen Anordnung dieses Bezirkes eine deutliche NW—SE-Komponente besitzt.

Der Unterbezirk Rotava—Schneckenstein liegt im mittleren Teil der SW-Flanke des Eibenstock—Neudeker Granitmassivs. Er streicht wie diese in NW—SE-Richtung. Der Bezirk liegt im Bereich oberkarbonischer (Kraslice—Rotava) und unterpermischer (Gottesberg, Mühlleithen) Granitphasen. Die Lagebeziehungen der Fallmaxima der einzelnen Vorkommen zur Lage der Granitoberfläche sind nicht einheitlich. Das näher untersuchte Quarz-Wolframit-Trum im Greisenkörper IV am Schneckenstein und die Trümer der Grube „Luise" bei Brunndöbra fallen mit unterschiedlichen Werten NE. Die Trümer im Kontaktschiefer von Rotava fallen steil nach SW.

Insgesamt gesehen besitzen die Wolframerz-Unterbezirke des Westerzgebirgischen Wolframerz-Bezirks eine nach SE geöffnete hufeisenförmige Anordnung, d. h., sie umgeben das vermutlich unterpermische Eibenstock—Neudeker Granitmassiv im SW, NW und NE, und ihre Lage spiegelt im NW und im NE die Lage der Scheitelzonen der NW—SE gerichteten (Oberschlema—Lauter) und der NE—SW streichenden (Bergen—Kirchberg) obersten Teile der oberkarbonischen Granitmassive und im SW die der streichenden, abtauchenden Flanke des unterpermischen Eibenstocker Massivs und seiner südöstlichen Fortsetzung, des unterpermisch-oberkarbonischen Neudeker Massivs, wider. Der räumliche Zusammenhang zwischen der Länge und Ausdehnung des Westerzgebirgischen Teilplutons und des Westerzgebirgischen Wolframerz-Bezirks ist offensichtlich, ohne daß eine flächenhafte Deckung beider geologischer Erscheinungen vorliegt.

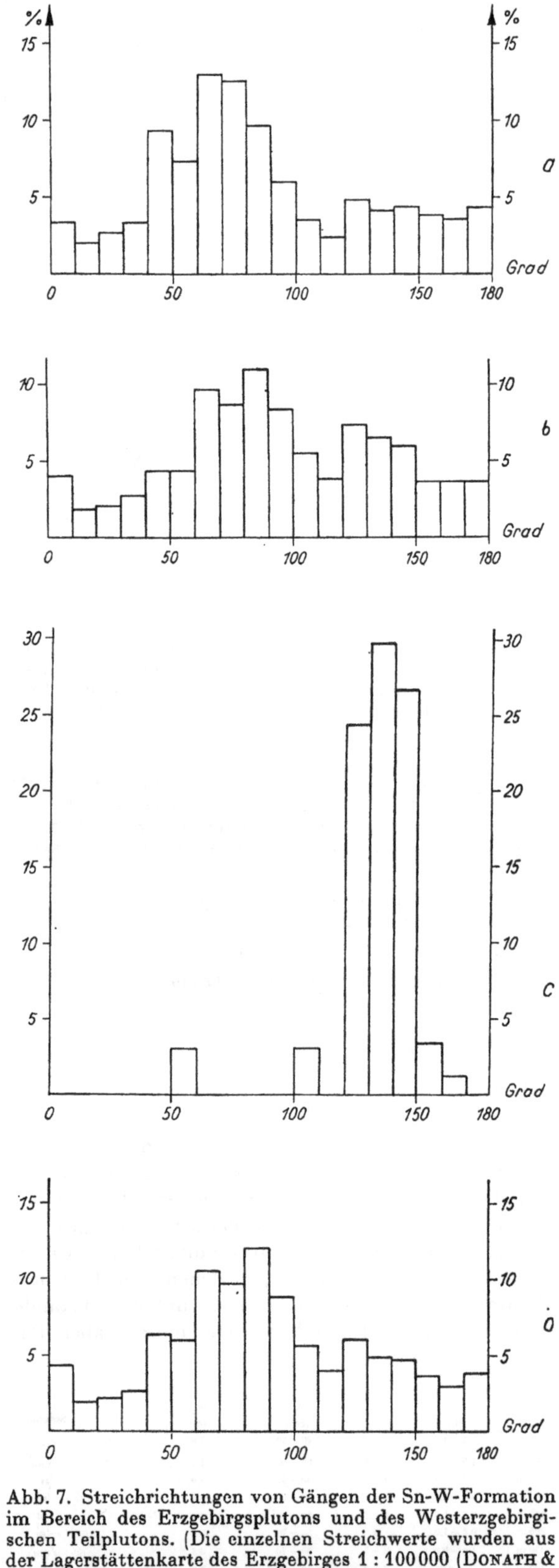

Abb. 7. Streichrichtungen von Gängen der Sn-W-Formation im Bereich des Erzgebirgsplutons und des Westerzgebirgischen Teilplutons. (Die einzelnen Streichwerte wurden aus der Lagerstättenkarte des Erzgebirges 1 : 100000 (DONATH & DÖGEL) entnommen.)

a — Gänge der Sn-W-Formation im Bereich des Erzgebirgsplutons (817 Gänge); b — Gänge der Sn-W-Formation im Bereich des Westerzgebirgischen Teilplutons (494 Gänge); c — Quarz-Wolframitgänge im Bereich des Westerzgebirgischen Teilplutons (34 Gänge); d — Quarz-Kassiterit-Trümer im Bereich des Westerzgebirgischen Teilplutons (460 Gänge)

Tektonische Klassifizierung und Deutung der Spalten und Klüfte, die bevorzugt mit Quarz-Wolframit-Trümern besetzt sind

Das tektonische Inventar der prägranitischen Orogenese und die Prototektonik der Granitmassive haben nur insofern Einfluß auf die Raumlage der Quarz-Wolframit-Gänge, als diese Klüfte und Spalten besetzen können, die bei der Orogenese oder bei der Granitmassivbildung entstanden sind und beim Bildungsakt der Quarz-Wolframit-Gänge aktiviert wurden. Sowohl Orogenese als auch Plutonbildung versteiften die von ihnen ergriffenen geologischen Bereiche und schufen damit Voraussetzungen für das Auftreten bruchtektonischer Prozesse und wirkten modifizierend auf diese ein.

Die Hauptanlage der Quarz-Wolframit-Trümer ist ebenso wie die der Quarz-Kassiterit-Trümer und anderer endogener Phasen auf die Verteilung der regionalen tektonischen Kräfte während der Bildung der jeweiligen endogenen Phase zurückzuführen. Dafür sprechen meines Erachtens folgende Argumente:

1. Die Quarz-Wolframit-Trümer im gesamten Westerzgebirge und Vogtland, unabhängig davon, ob sie sich im Phyllit oder Granit, an NW—SE oder NE—SW gerichteten Granitmassiven und auf der einen oder anderen Flanke eines Granitmassivs befinden, streichen einheitlich NW—SE. Die unterschiedliche Fallrichtung, die im Exokontakt fast stets auf den Granitkontakt gerichtet ist, wird auf die Lage der Bildungsorte der Quarz-Wolframit-Gänge zu den Flanken der Granitmassive zurückgeführt. Letztere haben demnach eine modifizierende Funktion. Dagegen weisen die NE-Fallrichtung der Quarz-Wolframit-Trümer innerhalb des Kirchberger Granitmassivs und der bedeutendsten Trümer im Vorkommen von Lauter auf regionale Ursachen hin.

2. Im Gegensatz zu den Quarz-Wolframit-Trümern haben die Quarz-Kassiterit-Trümer bzw. Greisentrümer keine einheitliche Raumlage. Sie streichen ± E—W oder NW—SE und fallen dann überwiegend SW!

Eine entsprechende Analyse zeigt, daß die Streichrichtungen der Quarz-Kassiterit-Trümer bzw. Greisentrümer innerhalb bestimmter Bereiche des Eibenstocker Massivs gleich, aber von Massivbereich zu Massivbereich verschieden sein können.

3. Das Kirchberger und das Eibenstocker Massiv befinden sich im gleichen tektonischen Stockwerk, dem Schiefergebirgsstockwerk, sind aber verschieden alt und haben einen unterschiedlichen stofflichen Aufbau.

Die unterschiedliche räumliche Anordnung der Quarz-Wolframit- und der Quarz-Kassiterit-Trümer im Westerzgebirge und Vogtland (Abb. 7) spricht für unterschiedliche tektonische Kräftepläne und damit für unterschiedliches Alter. Während in der Zeit der Bildung der Quarz-Wolframit-Gänge die straffe NW-Ausrichtung dieser Gänge auch für einen gleichermaßen straffgerichteten regionalen Kräfteplan spricht, der in bezug auf die Fallrichtung der Quarz-Wolframit-Trümer durch die Granitkörper modifiziert wurde, wirkte bei der Bildung der Quarz-Kassiterit-Gänge bzw. Greisentrümer ein anders gerichteter Kräfteplan. Dabei hatten in bestimmten Gebieten senkrecht zur Hauptrichtung gerichtete Teilvektoren größeren Einfluß auf die Hauptvektoren. Das wird durch die unterschiedlichen Streichrichtungen der Quarz-Kassiterit-Gänge in den verschiedenen Teilen des Eibenstocker Massivs sichtbar gemacht.

Der Richtungswechsel während der postgranitischen Bruchdeformationen kann durch die Lage des Eibenstock-Massivs an einer bedeutenden Schwächezone, nämlich an der sigmoidalen Verbiegung der fichtelgebirgisch-erzgebirgischen Antiklinalzone, bedingt sein.

4. Die Verbreitungsgebiete weiterer Wolfram führender Mineralisationen im Westerzgebirgischen Teilpluton

Die endogenen W und Sn führenden Mineralisationen des Erzgebirges werden gewöhnlich unter dem Begriff „Sn-W-Formation“ zusammengefaßt und können nach den beteiligten Hauptkomponenten und ihrer Genese in quarzreiche (Quarz, Topas, Muskovit, Turmalin) und skarnoide (Amphibol, Pyroxen, Granat) Mineralisationen eingeteilt werden. Kassiterit tritt in beiden Gruppen, Wolframit nur in der quarzreichen und Scheelit hauptsächlich in der skarnoiden Gruppe auf. Für die quarzreiche Gruppe kann man feststellen, daß im gesamten Erzgebirge sowohl Kassiterit- (Sn-) als auch Kassiterit-Wolframit- (Sn-W-) und schließlich Wolframitmineralisationen existieren. Letztere führen außerdem Molybdänit [W (Mo)] in deutlichen, aber industriell nicht nutzbaren Mengen. Aus Kassiterit- und Kassiterit-Wolframit-Mineralisationen wird Molybdänitgehalt nur sehr selten erwähnt. Die obengenannten drei Mineralisationstypen der „Sn-W-Formation“ des Erzgebirges können sowohl eigene Vorkommen bilden, wie im Bereich des Westerzgebirgischen Teilplutons, als auch innerhalb eines Vorkommens auftreten. In diesem Fall gehören die drei Mineralisationstypen jeweils zu verschiedenen Erzkörpertypen bzw. nehmen, falls sie in gleichen Erzkörperformen auftreten, unterschiedliche Raumlagen ein. Das ist im gesamten Erzgebirge der Fall, so in den Gruben Tannenberg (Westerzgebirge), Ehrenfriedersdorf (mittleres Erzgebirge) und Sadisdorf (Osterzgebirge).

Im Bereich des Westerzgebirgischen Teilplutons treten außer den in den vorstehenden Abschnitten behandelten Quarz-Wolframit-Gängen weitere W führende Mineralisationen auf, die entweder zu den Silikatmineral- oder den skarnoiden Paragenesen gehören.

Durch Untersuchungen der SDAG Wismut (KURDJUKOW & FEIRER 1963) konnten im Kontakthof des Bergener Massivs (Zobes und Tirpersdorf), in der Schwarzenberger Kuppel (Antonsthal) und bei Lauter Scheelit führende Skarne mit teilweise beachtenswerter Scheelitvererzung festgestellt werden. Gleichfalls aus dem Bereich der Schwarzenberger Kuppel haben SCHALCH (1884) aus der „Himmlisch Heer-Fundgrube“ am Fürstenberg, KIRSCH (1956) aus der „Gelbe Birke-Fundgrube“ an der Waschleithe, HÖSEL (1967) von „Herkules Frisch-Glück“, GALILÄER u. a. (1964) und HÖSEL & PFEIFFER (1965) aus der Lagerstätte Pöhla das mehr oder weniger verbreitete Auftreten von Scheelit und Kassiterit beschrieben. Der Scheelit ist ebenso wie der Kassiterit in den genannten Vorkommen zu einem großen Teil an die Nähe NE—SW bis ENE—WSW streichender Klüfte gebunden. Jedoch ist nicht bekannt, ob beide paragenetisch sind, also auf dem gleichen Spalt auftreten.

Im Lagerstättengebiet Gottesberg existieren im mehrere Meter mächtigen und ENE streichenden Hahnewalder Quarzgang schlauchartige Erzkörper, die fast saiger einfallen und sich im allgemeinen aus Kaolin, Quarz, Wolframit, Kassiterit und Sulfiden zusammensetzen (OELSNER 1952; DONATH 1964). Die Zusammenhänge dieses für den Westerzgebirgischen Teilpluton ungewöhnlichen und einmaligen Lagerstättentyps mit den im gleichen Gebiet auftretenden Quarz-Wolframit-Gängen sind ungeklärt.

Ferner sind auch positive W-Anomalien als Indikatoren Wolfram führender Mineralisationen in oberflächennahen Greisenpartien bedeutsam. Derartige Anomalien treten im Endokontakt des Massivs im Bereich des Zinnerzlagerstättengebietes Kielberg—Schneckenstein sowie nördlich davon, nahe der Straße Tannenbergsthal—Hammerbrücke, und bei Gottesberg auf. Die Anomalien sind vermutlich durch geringmächtige Quarz-Wolframit-Trümer verursacht, wie sie von BAUMANN & GORNY 1964 aus Greisenkörpern der Lagerstätte Tannenberg—Mühlleiten beschrieben werden.

Vergleicht man die Lage der eben beschriebenen W-Mineralisationen mit der räumlichen Verbreitung der Quarz-Wolframit-Trümervorkommen, so muß man feststellen, daß die Verbreitungsgebiete der W-Mineralisationen an die der Quarz-Wolframit-Gänge angrenzen oder innerhalb derselben auftreten (Schwarzenberger Kuppel, Zobes). Alle W-Mineralisationen aus dem Gebiet des Westerzgebirgischen Teilplutons befinden sich in einem Bereich mit hufeisenförmiger Gestalt, der im NW und NE die oberkarbonischen Granitmassive, im Osten einen Teil des Sporns von Breitenbrunn und im Westen den Westteil des Eibenstock—Neudeker Massivs einbezieht. Während dieser Bereich in NW und NE deutlich vom zinnspezialisierten Eibenstocker Massiv getrennt ist, überlagert er dessen verborgene Randpartien im Osten (Sporn von Breitenbrunn, Lagerstätte Pöhla) und im Westen (Westkontakt und Gottesberg).

Vergleicht man die Lage des W-Mineralisation führenden Bereichs mit dem Verbreitungsgebiet der Sn-Mineralisationen, so ergibt sich, daß letzteres eine zentrale und ersteres randlich liegende Positionen einnehmen, wobei es nur im Osten und Westen zu Überlagerungen beider „Zonen" kommt.

Zur Ergänzung der bisherigen räumlichen Vergleiche sollen die Verhältnisse in den übrigen Teilen des Erzgebirgsplutons in knapper Form diskutiert werden. Im Bereich des Osterzgebirgischen Teilplutons treten Sn-freie W (Mo) führende, W-(Mo-)freie Sn führende und Sn-W führende Mineralisationen auf. Im sächsischen Osterzgebirge gehören zu den Sn bzw. Sn-W bzw. W (Mo) führenden Lagerstätten die von Zinnwald, Altenberg, Hegelshöhe, Schenkenshöhe und Sadisdorf. Sn führende und W-(Mo-)freie Vorkommen sind Zeidelweide, Hut- u. Hirschberg, Rabenhübel, Hohen Busch, ein Gebiet im SW. von Lauenstein, Sachsenhöhe, Frauenberg und Schellerhau—Kahleberg (OELSNER 1952; SCHRÖCKE 1952; TISCHENDORF 1964; SCHULZE u. a. 1967). Vorkommen, die nur W-(Mo)-Mineralisationen führen, sind bisher nicht beschrieben worden. Die Sn-W (Mo) führenden Lagerstätten nehmen gegenüber den nur Sn führenden eine zentrale Position ein. Sie befinden sich auf einer N—S angeordneten Linie, die in ihrem Nordteil in die NW-Richtung umbiegt.

Aus dem mittleren Erzgebirge sind Geyer und Ehrenfriedersdorf als Sn-W führende Lagerstätten bekannt. In geringen Mengen tritt W auch in den Sn-Lagerstätten Pobershau und Seiffen auf. Da über den übrigen Teil des Mittelerzgebirgischen Teilplutons entsprechende Angaben fehlen, kann dieser Teilpluton nicht für den angestrebten Vergleich mit dem Westerzgebirgischen Teilpluton herangezogen werden.

Es sind demnach im Osterzgebirgischen und im Westerzgebirgischen Teilpluton einander entsprechende Mineralisationen der „Sn-W-Formation" vorhanden. Im Osterzgebirge fehlen allerdings Sn-freie Wolframvorkommen. In beiden Teilplutonen lassen sich W-freie von W (Mo) führenden Lagerstätten räumlich voneinander abgrenzen. Es befinden sich im Westerzgebirgischen Teilpluton die W-freien Lagerstätten im Zentralteil und die W führenden Lagerstätten in den Außenteilen. Dagegen liegen im Osterzgebirgischen Teilpluton die W führenden Lagerstätten im Zentralteil und die W-freien Lagerstätten in den Randteilen. Während im Westerzgebirgischen Teilpluton das Verbreitungsgebiet des älteren Intrusivkomplexes im wesentlichen mit dem der Sn-freien und W führenden Mineralisationen und auch das Verbreitungsgebiet des jüngeren Intrusivkomplexes mit dem der W-freien und Sn führenden Mineralisation fast zusammenfallen, weichen im Osterzgebirgischen Teilpluton die entsprechenden Verbreitungsgebiete bedeutend voneinander ab.

Diese unterschiedlichen Anordnungen lassen meines Erachtens das Problem „Zonarbau", das sich bei Betrachtung der Situation im Westerzgebirgischen Teilpluton nahezu aufdrängt, als indiskutabel erscheinen. Am zwanglosesten läßt sich die unterschiedliche Anordnung der Verbreitungsgebiete der Sn- und der W-Mineralisationen im West- und im Osterzgebirgischen Teilpluton erklären, indem man annimmt, daß die W führenden und Sn-freien und die Sn führenden und W-freien Mineralisationen nicht Extremausbildungen einer einheitlichen Sn-W-Paragenese sind, obwohl derartiges naturgemäß lokal realisiert sein kann, sondern selbständige geologische Elemente bzw. geologische Körper innerhalb der gesamten „Sn-W-Formation" bilden. Die genetische Erklärung einer differenziert aufgebauten Sn-W-(Mo-)Formation mit Hilfe einer Theorie von der Spezialisierung der migrierenden Lösungen muß auf Stoff-, Raum- und Zeitunterschieden während Bildung, Migration und Einwirkung der Lösungen aufbauen. Die Bildung der „Sn-W-Formation" ist als komplexer, in sich stark differenzierter Prozeß anzusehen, und folglich müssen auch stoffliche, räumliche und zeitliche Unterschiede in der Erscheinungsform der Prozeßergebnisse möglich sein, die sich im vorliegenden Fall in der Inanspruchnahme teilweise unterschiedlicher Migrationsbahnen und in unterschiedlichen Orten der Prozeßlokalisierung äußerten. So beschreibt RADKEWITSCH (1966), daß in Greisenlagerstätten der Kassiterit oft älter als der Wolframit ist und gegenüber dem Wolframit in einem engeren räumlichen Intervall lokalisiert wird.

(Fortsetzung und Schluß im nächsten Heft)

Zeitschrift für angewandte Geologie, Bd. 18 (1972), Heft 1

Erdölzusammensetzung als Kriterium für die Prognose der Erdöl-Erdgas-Führung neuer Gebiete

A. I. BOGOMOLOW, UdSSR

Unter den geochemischen Kriterien bei der Beurteilung der Perspektiven der Erdöl-Erdgas-Führung eines Gebiets im Stadium der regionalen Erkundungsarbeiten kann auch die chemische Zusammensetzung des in einer Such- und Erkundungsbohrung gewonnenen Erdöls verwendet werden. An und für sich ist das Auftreten von Erdöl in diesem Falle durchaus kein eindeutiges Argument bei der Lösung der Frage nach der Höffigkeit des Gebiets. Erst eine allseitige geochemische Analyse wird es ermöglichen zu beurteilen, ob es sich in dem jeweiligen Falle um „normales Erdöl" handelt, wie es für die meisten Erdöllagerstätten der Welt charakteristisch ist, oder aber um ein durch hypergene Prozesse verändertes sekundäres oxydiertes (verwittertes) Erdöl oder um ein von Grund auf metamorph verändertes oder schließlich um ein Erdöl vom Filter-Destillat-Typ.

Obwohl die chemische Zusammensetzung der Erdöle bedeutende Unterschiede erkennen läßt, kann man trotzdem einige genetische Typen herausstellen, die unterschiedliche Stadien in der Entwicklung des Erdöls in seiner natürlichen Umgebung charakterisieren. Wie festgestellt wurde, gibt es zwei prinzipiell verschiedene Hauptlinien der Veränderung des Erdöls in der Lithosphäre: eine Metamorphose unter dem Einfluß abiogener physikalisch-chemischer Faktoren (DOBRJANSKIJ 1948, 1961; DOBRJANSKIJ, USPENSKIJ, RADTSCHENKO & BOGOMOLOW 1955; ANDREJEW, BOGOMOLOW, DOBRJANSKIJ & KARZEW 1958; WYSCHEMIRSKIJ 1963) und Zerstörungsprozesse, die sich in der hypergenen Zone abspielen (USPENSKIJ & RADTSCHENKO 1947; WASSOJEWITSCH 1958; USPENSKIJ 1964; STAROBINEZ & SAGIDOWA 1963). Es finden auch noch andere Prozesse statt, die in der Hauptsache mit der physikalischen Differenzierung der Fluide zusammenhängen. Aber sie spielen eine untergeordnete Rolle.

Die geochemische Entwicklung der Erdöle im metamorphen Zyklus hängt mit abiogenen chemischen und physikalisch-chemischen Prozessen der Umgestaltung von Erdöllagern zusammen und ist durch eine Reihe von Degradationsmerkmalen des Erdöls charakterisiert: durch Verringerung der Dichte, des Harzgehalts, durch Vergrößerung der Ausbeute an leichten Fraktionen und der Anzahl der Paraffinstrukturen in der Erdölzusammensetzung.

Die Veränderung der quantitativen Zusammensetzung der Erdöle muß begleitet sein von einer Verminderung ihrer Masse infolge der Bildung von Erdgas und teilweise von Karboiden. Daher können sich Erdöle, die einer tiefgreifenden Metamorphose ausgesetzt gewesen sind, in der Regel nicht in Form von sehr großen Konzentrationen ablagern. Metamorphosate sind meistens in alten Sedimenten anzutreffen (das Erdöl kambrischen Alters in der Ossinier Lagerstätte) oder aber in großen Teufen (das Erdöl der Lagerstätten Simnjaja Stawka und Welitschajewka der Prikumskoje-Zone im Nordkaukasus). Das sind gewöhnlich sehr leichte Erdöle mit einer Dichte von weniger als 0,81 und mit einer Ausbeute an leichten Fraktionen bis 300 °C über 70%. Der Gehalt an Asphalt-Harz-Stoffen in ihnen beträgt weniger als 2%. Es muß präzisiert werden, welche zusätzlichen Merkmale außer den angeführten als Anzeichen einer tiefgreifenden Metamorphose der Erdöle gelten können, bei der das Vorkommen von großen Lagern bereits wenig wahrscheinlich ist.

Als sehr wichtige Merkmale derartiger Erdöle müssen angesehen werden: ein hoher Gehalt an Alkanen sowie ein niedriges Verhältnis von zyklischen Kohlenwasserstoffen zu Alkanen (KARZEW 1958; KARZEW & SCHURIN 1964; SCHIMANSKIJ 1967).

Nach den vorhandenen Angaben ist bei den Erdölmetamorphosaten der Gehalt an zyklischen Kohlenwasserstoffen gewöhnlich kleiner als 20% pro Destillatanteil (bis zu 300 °C), und das quantitative Verhältnis der zyklischen Kohlenwasserstoffe zu den Alkanen im Destillat beträgt weniger als 0,2.

Derartige Wechselbeziehungen in der Zusammensetzung der Erdöle können der Grund sein für die negative Einschätzung der Höffigkeit eines gegebenen Komplexes von Ablagerungen in einer gegebenen tektonischen Zone, aber sie können positiv eingeschätzt werden im Sinne der Verschiedenartigkeit der entsprechenden Ablagerungen. Ein typisches Beispiel hochmetamorphosierter Erdöle der Minussinsker Senke sind auch einige Erdöle des Irkutsker Amphitheaters (Ossinier Gebiet) Ostsibiriens. Ganz andere Schlußfolgerungen müssen beim Auffinden von leichten Erdölen vom Filterdestillattyp gezogen werden. Die chemische Charakteristik derartiger Erdöle ist wenig untersucht und kommt wahrscheinlich manchmal der Charakteristik von Erdölmetamorphosaten nahe.

Geologisch lagern die Erdöle vom Filterdestillattyp meistens in Faltengebieten in verhältnismäßig geringen Teufen. Bei vertikaler Migration bildet das „normale" Erdöl, das dabei eine physikalische Differenzierung durchmacht, in den oberen Horizonten Ansammlungen von leichtem Erdöl (weißes Erdöl der Lagerstätte Surachany). Das Auffinden von Erdölen des Filterdestillattyps ist im Prinzip ein positives Merkmal und kann auf das Vorhandensein von Lagern normaler Erdöle unterhalb des untersuchten Profils hinweisen.

Die hypergenen geochemischen Umwandlungen von Erdölen in ihren späten Stadien sind durch die Zerstörung der Erdöllager charakterisiert. Die Produkte der völligen Degradierung von Erdölen im hypergenen Zyklus sind Wasser und Kohlendioxid. Die tiefgreifend oxydierten Erdöle sind entweder in Form von geringen Überresten von Lagern anzutreffen, oder sie gehen bereits in eine andere Form von nutzbaren Bodenschätzen — Asphalte u. a. — über.

Aus: VI. Internationale Wissenschaftliche Konferenz der Erdölinstitute Krakau, 1.–6. 6. 1970.
Übers.: J. GÖRBERT, Berlin.

Tab. Kennziffern, die die grundlegenden Typen der Erdöle charakterisieren

Lfd. Nummer	Kennziffern	Oxydierte Malte	Erdöle wirtschaftlicher Lagerstätten von unterschiedlichem Grad der Veränderung durch Metamorphose und Oxydation	Metamorphosate	Filterdestillate
1.	spezifisches Gewicht 20	über 0,94	0,81–0,94	unter 0,81	
2.	Ausbeute an hellen Fraktionen bis 300 °C, %	unter 30	30–70	über 70	
3.	Gehalt an Asphalt-Harz-Stoffen, %	über 20	3–20	unter 3	
4.	Gehalt an zyklischen Naphthen- und aromatischen Kohlenwasserstoffen im Destillat bis 300 °C, %	über 60	20–60	unter 20	Dasselbe wie bei den Metamorphosaten, mit Ausnahme der Angaben bezüglich der Gehalte an zyklischen Kohlenwasserstoffen im Destillat bis 300 °C und der Werte des Verhältnisses der zyklischen zu den Methankohlenwasserstoffen
5.	Verhältnis der zyklischen zu den Methankohlenwasserstoffen im Destillat bis 300 °C	über 2	0,3–2,0	unter 0,3	
6.	Schwefelgehalt, %	0,5 bis 5 und darüber	0,2–5,0	unter 0,2	

Hypergen veränderte Erdöle sind durch hohes spezifisches Gewicht, Verharzung, niedrigen Gehalt an leichten Fraktionen und mitunter auch hohen Schwefelgehalt charakterisiert. Eine Dichte des Erdöls über 0,95 und ein Gehalt an Asphalt-Harz-Komponenten von mehr als 25% können ein Anzeichen niedriger wirtschaftlicher Höffigkeit der Ablagerungen sein, die Erdöl unter diesen oder ähnlichen geologischen, hydrogeologischen und geochemischen Bedingungen enthalten. Doch können beim Absinken der Schichten in genau den gleichen Ablagerungen Erdöle von weniger veränderter oder sogar „normaler" Zusammensetzung angetroffen werden.

Der maximale Schwefelgehalt, über den hinaus den Erdölen an sich schon fast kein wirtschaftliches Interesse mehr zukommt, liegt bei einem Wert von ungefähr 6%. Aber selbst bei bedeutend geringeren Schwefelgehalten erhalten die Erdöle eine geringere Einschätzung von der qualitativen Seite her. In der obenstehenden Tabelle sind die Werte der die grundlegenden Erdöltypen charakterisierenden Kennziffern angegeben, die die Angaben bezüglich der Zusammensetzung der Erdöle der Sowjetunion zusammenfassen.

Bei der Berechnung von prognostischen Erdölvorräten ist eine Orientierungseinschätzung der möglichen Zusammensetzung und Qualität der Erdöle unter Berücksichtigung ihrer Besonderheiten als eines Naturobjekts notwendig. Nach den einfachsten technisch-chemischen Kennziffern ist es zweckmäßig, sich dabei auf die folgenden Kategorien von Erdölen zu beschränken (Anleitung zur Analyse von Erdölen, 1966, russ.). Nach dem Schwefelgehalt kann man unterscheiden: einen schwefelarmen Erdöltyp, der durch einen Schwefelgehalt von hundertstel Prozent bis zu 0,5% charakterisiert ist, einen (Übergangs-)Typ mittleren Schwefelgehalts — von 0,5 bis zu 1,0%; einen schwefelhaltigen Typ von 1 bis zu 3% und schließlich einen Typ mit hohem Schwefelgehalt — über 3%.

Was den Festparaffingehalt anbelangt, dessen Wert in gewissem Maße auch die Kohlenwasserstoffzusammensetzung widerspiegelt, ist es üblich anzunehmen, daß die paraffinfreien, zyklischen Erdöle vom Naphthen- und vom aromatischen Typ bis zu 0,5% Paraffin enthalten; die Erdöle geringen Paraffingehalts enthalten 0,5 bis 2,5%, und die paraffinhaltigen Methanerdöle enthalten 2,5 bis 10%. Die Erdöle mit einem Paraffingehalt von mehr als 10% müssen als hochparaffinhaltige Methanerdöle qualifiziert werden.

Ein sehr wichtiger Parameter, der die Zusammensetzung und die Eigenschaften der Erdöle charakterisiert, ist ihr Gehalt an Asphalt-Harz-Komponenten. Nach diesem Parameter lassen sich die Erdöle in drei Typen einteilen: gering harzhaltige Erdöle — mit einem Gehalt bis zu 5% Asphalthene und Harze, harzhaltige Erdöle — mit einem Gehalt von 5 bis zu 15% und hochharzhaltige mit einem Gehalt von mehr als 15%.

Literatur

ANDREJEW, P. F., A. I. BOGOMOLOW, A. F. DOBRJANSKIJ & A. A. KARZEW: Die Umwandlung des Erdöls in der Natur. – Gostoptechisdat, Leningrad 1958.

DOBRJANSKIJ, A. F.: Chemie des Erdöls. – Gostoptechisdat, Leningrad 1965.

DOBRJANSKIJ, A. F., W. A. USPENSKIJ, O. A. RADTSCHENKO & A. I. BOGOMOLOW: Die Gesetzmäßigkeiten in der Zusammensetzung von Erdölen. Die bestehenden Ansichten über die Herausbildung von genetischen Erdöltypen. In: Sammelbd.: Die Entstehung des Erdöls. – Gostoptechisdat, Leningrad 1955.

KARZEW, A. A., & W. P. SCHURIN: Geochemische Untersuchungsmethoden bei der Suche nach Erdöl und Erdgas. – Verl. Nedra, Moskau 1964.

NERUTSCHEW, S. G., M. F. DWALI, W. A. KROTOWA, W. A. USPENSKIJ & A. I. BOGOMOLOW: Suchkriterien für die Prognose der Erdöl-Erdgas-Führung. – Arb. Allunions-Inst. für Erdölerkundung, Lfg. 269, Verl. Nedra, Leningrad 1969.

RADTSCHENKO, O. A.: Geochemische Gesetzmäßigkeiten der Verteilung der erdölführenden Gebiete der Welt. – Verl. Nedra, Leningrad 1965.

SCHIMANSKIJ, W. K.: Einige Gesetzmäßigkeiten bei der Zersetzung der leichten Methan- und aromatischen Kohlenwasserstoffe des Erdöls. – Sowjetskaja geologija, Nr. 5 (1967).

STAROBINEZ, I. S., & F. E. SAGIDOWA: Geochemie der Erdöle und Erdgase der Fergana-Depression. – Verl. Akad. Wiss. Usbek. SSR (1963).

USPENSKIJ, W. A., u. a.: Grundlagen der genetischen Klassifizierung der Bitumen. – Arb. Allunions-Forsch.-Inst. für Erdölerkundung, Lfg. 230, Verl. Nedra, Leningrad 1964.

WASSOJEWITSCH, N. B.: Die Bildung des Erdöls in den terrigenen Ablagerungen am Beispiel der Tschokrak-Karaganer Schichten der Terek-Vorsenke. In: Sammelbd.: Fragen der Erdölbildung. – Arb. Allunions-Forsch.-Inst. für Erdölerkundung, Lfg. 128, Gostoptechisdat, Leningrad 1958.

WYSCHEMIRSKIJ, W. S.: Die geologischen Bedingungen der Metamorphose von Kohlen und Erdölen. – Verl. Univ. Saratow (1963).

Anleitung zur Analyse von Erdölen (für die Laboratorien von geologischen Erkundungsorganisationen) Red. A. I. BOGOMOLOW und L. I. CHOTYNZEW. – Verl. Nedra, Leningrad 1966.

Zeitschrift für angewandte Geologie, Bd. 18 (1972), Heft 1

Einschätzungsmethoden für prognostische Erdöl- und Erdgasvorräte der Untergruppe D 1

E. W. SACHAROW, UdSSR

Die hauptsächlichen Forschungsergebnisse auf dem Gebiet der Vervollkommnung alter und der Erarbeitung neuer Methoden zur Berechnung prognostischer Erdöl- und Erdgasvorräte werden periodisch in der geologischen Literatur der UdSSR veröffentlicht. Auf der Grundlage einer Analyse der Arbeiten zur Einschätzung prognostischer Vorräte der Untergruppe D1 wurde festgestellt, daß die Untersuchungen zur Vervollkommnung bekannter und zur Erarbeitung neuer Berechnungsmethoden hauptsächlich in Richtung einer Erhöhung der Glaubwürdigkeit der quantitativen Einschätzung perspektiver Territorien, auf denen die vorwiegende Entwicklung von Schichtfallen des Antiklinaltyps bedingt vermutet wird, durchgeführt wurden. Die Erfahrungen der Such- und Erkundungsarbeiten auf Erdöl und Erdgas, sowohl in der UdSSR als auch in einer Reihe anderer Länder, zeigen, daß neben den verbreitetsten und verhältnismäßig leicht auffindbaren Antiklinalfallen und -lagern verschiedene abgeschirmte Schichtfallen und -lager, bekannt in Tafelgebieten und besonders in Zwischen- und Vorgebirgssenken, weit verbreitet sind. Bei den wachsenden Anforderungen an die prognostische Einschätzung perspektiver Territorien ist es unbedingt notwendig, innerhalb nachgewiesener oder vermuteter Erdöl-Erdgas-Akkumulationszonen Gebiete auszugliedern und qualitativ einzuschätzen, die sich durch die wahrscheinlichste Entwicklung von Schichtfallen und an sie gebundene Lager des Antiklinaltyps und in der Praxis häufig angetroffene tektonisch, stratigraphisch und lithologisch abgeschirmte Speichertypen charakterisieren.

Für nachgewiesene und vermutete Erdöl-Erdgas-Akkumulationszonen im Bereich gutuntersuchter Territorien mit einer entwickelten Erdöl- und Erdgasförderung, wo die prognostischen Vorräte vollkommen glaubwürdig sind, müssen deren Berechnungsmethoden eine maximale Genauigkeit gewährleisten. Diese Methoden müssen die konkreten geologischen Bedingungen der einzuschätzenden Gebiete berücksichtigen.

Die dargelegten Vorstellungen bestimmen im voraus die Richtung der Untersuchungen zum Auffinden von Berechnungsmethoden für prognostische Vorräte der Untergruppe D 1. Dabei wurden berücksichtigt:

a) das Prinzip der Volumenformel, da die darin enthaltenen Parameter die hauptsächlichen geologischen Bedingungen der Lagerung von Erdöl und Erdgas im Erdinnern charakterisieren;

b) das Prinzip der Analogie des einzuschätzenden Territoriums zu einem in geologischer Hinsicht ähnlichen Territorium, das durch Bohrungen besser untersucht ist, in dem die Erdöl-Erdgas-Führung bereits nachgewiesen wurde.

Die Grenzen des Vergleichsgebiets werden in jedem konkreten Fall auf der Grundlage tektonischer, lithofazieller, hydrogeologischer oder anderer Daten festgelegt. Da zwischem dem einzuschätzenden und dem Vergleichsgebiet immer irgendwelche Unterschiede bezüglich des geologischen Baues existieren, müssen bei der Berechnung der prognostischen Vorräte Korrekturfaktoren verwendet werden.

Auf der Grundlage der genannten Prinzipien werden durch den Verf. neue Berechnungsmethoden für prognostische Vorräte an Erdöl und Erdgas ausgearbeitet, die für Gebiete anwendbar sind, die sich durch die höchstwahrscheinliche Verbreitung von Schichtfallen (und Lagern) des entsprechenden Speichertyps kennzeichnen.

Im einzelnen wurde für die Einschätzung der prognostischen Vorräte von Gebieten, die durch die höchstwahrscheinliche Verbreitung von Fallen und Lagern des Antiklinal- (und Massiv-) Typs charakterisiert werden, folgende Modifikation der Volumenmethode vorgeschlagen:

$$Q(D_1) = V_2 \cdot \frac{\sum_1^n V_F}{V_1} \cdot \frac{\sum_1^n V_L}{\sum_1^n V_F} \cdot q$$

Dabei bedeuten:

V_1 — allgemeines maximales Volumen der Speicherschicht, die im Bereich des Vergleichsgebiets mit nachgewiesener industrieller Erdölförderung entwickelt ist;

V_2 — allgemeines Volumen der gleichaltrigen Schicht (als höffig vermutet) im Bereich des einzuschätzenden Gebiets, das in geologischer Hinsicht analog dem Vergleichsgebiet ist;

$\sum_1^n V_L$ — Gesamtvolumen der Erdöllager vom Antiklinaltyp, die im Bereich des Vergleichsgebiets entdeckt wurden;

$\sum_1^n V_F$ — Gesamtvolumen der Schichtfallen, die im Bereich des Vergleichsgebiets entdeckt wurden;

q — mittlere spezifische Erdölvorräte pro Volumeneinheit der Speicher, die nur in den Lagern entwickelt sind, die innerhalb des Vergleichsgebiets aufgefunden wurden,

$$\left(q = \frac{\sum_1^n Q}{\sum_1^n V_L} \right)$$

Die endgültige Formel ist dann:

$$Q(D_1) = V_2 \frac{\sum_1^n Q}{V_1} \tag{1}$$

Die wesentlichste Schwierigkeit bei der Berechnung der prognostischen Vorräte an Erdöl und Erdgas für

Aus: „Geologija nefti i gasa", Nr. 4, 48–51, Moskau 1971.
Übers.: H. SCHNEIDER, Berlin.

Gebiete, die durch die höchstwahrscheinliche Verbreitung von tektonisch abgeschirmten Schichtfallen und -lagern charakterisiert werden, bestand in der Bestimmung der einzuschätzenden Fläche. Da jedoch die Breite der Lager dieses Typs gewöhnlich relativ klein ist (von (1,5 bis 2,5 km), so kann man sie für Vergleichs- und einzuschätzendes Gebiet als gleich annehmen. Die Vorratsgröße dieser Lagergruppe wird dann durch die Länge der Störung (oder Störungszone), die diese Lager abschirmt, und die mittlere ölführende Mächtigkeit des Speichers bestimmt. Unter Berücksichtigung der genannten Kennziffern wurde eine Methode mit folgender Berechnungsformel entwickelt:

$$Q(D_1) = L_2 \cdot K_1 \cdot K_2 \cdot K_3 \cdot K_4$$

Dabei bedeuten:

L_2 — Ausdehnung der einzuschätzenden Unterbrechungszone;

K_1 — Verhältnis zwischen der Ausdehnung der Falle (bis zum Hydroabschluß), die im Bereich der Vergleichsstörungszone aufgefunden wurde, und der Gesamtausdehnung dieser Zone,

$$K_1 = \frac{\sum_1^n l}{L_1}$$

K_2 — Verhältnis zwischen den initialen geologischen Gesamtvorräten an Erdöl und der summaren Ausdehnung der Fallen im Bereich der Störungszone,

$$K_2 = \frac{\sum_1^n Q}{\sum_1^n l}$$

K_3 — Veränderungsfaktor der mittleren Mächtigkeit des Speicherhorizonts auf dem einzuschätzenden Territorium im Vergleich zum Eichterritorium;

K_4 — Veränderungsfaktor der mittleren Porosität auf dem einzuschätzenden Territorium im Vergleich zum Eichterritorium.

Die Berechnungsformel für prognostische Erdölvorräte in der einzuschätzenden Zone (mit den wahrscheinlichsten Lagern vom tektonisch abgeschirmten Typ) hat demzufolge folgendes Aussehen:

$$Q(D_1) = \frac{\sum_1^n Q}{L_1} \cdot L_2 \cdot K_3 \cdot K_4 \qquad (2)$$

Für Schichtlager des lithologisch oder stratigraphisch abgeschirmten Typs, die durch eine isometrische Form der Abschirmung und eine ungleichmäßige Speicherausbildung gekennzeichnet sind, kann die Berechnung der prognostischen Vorräte durch ein und dieselbe Methode erfolgen. Als so eine Methode wird die Modifikation der Volumenformel in folgender Form vorgeschlagen:

$$Q(D_1) = S \cdot d \cdot h \cdot q_2 \cdot K_4 \qquad (3)$$

Dabei bedeuten:

S — allgemeine Fläche des angenommen perspektiven, nach einer Schicht (Horizont) einzuschätzenden Gebiets, in ha;

d — Nutzflächenkoeffizient, der berücksichtigt, welcher Teil des einzuschätzenden Gebiets durch Speichergesteine eingenommen werden kann; er wird durch das Verhältnis der Summe der Flächen aller Fallen, die in der betrachteten Schicht (Horizont), die im Bereich des Vergleichsgebiets ausgebildet ist, aufgefunden wurden, zur gesamten Fläche des Vergleichsgebiets;

h — mittlere angenommene erdölgesättigte Speichermächtigkeit der einzuschätzenden Schicht, in m;

q_2 — mittlerer spezifischer Erdölvorrat in Tonnen pro 1 ha Fläche und 1 m effektive Mächtigkeit der Speicher, die nur in den erkannten Grenzen des Vergleichsgebiets der Lager entwickelt sind.

Die theoretischen mittleren Berechnungswerte für die Speichermächtigkeit und die offene Porosität, sowohl des Vergleichs- als auch des einzuschätzenden Gebiets, sind als mit der Fläche gewogene Mittel zu bestimmen. Die Praxis der Berechnung prognostischer Vorräte zeigt jedoch, daß das für ein einzuschätzendes Gebiet häufig nicht möglich ist (infolge unzureichender Ausgangsdaten); deshalb werden die mittleren Berechnungswerte für die Speichergesteinsmächtigkeit und die offene Porosität als mittleres arithmetisches Mittel bestimmt.

Zur Prüfung dieser Methoden wurden Kontrollrechnungen für Territorien mit bereits nachgewiesener Verbreitung von Fallen und damit verbundener Lager verschiedener Typen durchgeführt. Solche Berechnungen wurden für die Westturkmenische und die Surchan—Darjinsk-Zwischengebirgssenken und für die Zonen der nordwestlichen und südöstlichen Abhänge des Großen Kaukasus vorgenommen, in denen Erdölvorräte industrieller Kategorien in Lagern entsprechender Typen nachgewiesen wurden.

Die Berechnungen prognostischer Erdölvorräte für Territorien, die durch eine bereits festgestellte Verbreitung von Fallen und mit ihnen verbundener Schichtlager vom Antiklinaltyp sowie von tektonisch, stratigraphisch und lithologisch abgeschirmten Typen gekennzeichnet sind, führten bei Anwendung der vorgeschlagenen Methoden zu folgenden Ergebnissen:

a) Die Abweichung der quantitativen Ergebnisse der Berechnung prognostischer Erdölvorräte (D_1) bereits gut untersuchter Sedimentkomplexe in einem beliebigen der betrachteten Gebiete mit tatsächlichen initialen geologischen Vorräten (Kategorien A + B + C_1), die im gleichen Gebiet nachgewiesen wurden, übersteigen nicht 20%, was durchaus im Fehlerbereich der gegenwärtigen Bewertungen liegt.

b) Die neuausgearbeiteten Methoden für die Berechnung prognostischer Vorräte (D_1) sind geologisch begründet und können für eine praktische Anwendung empfohlen werden.

Dafür ist jedoch erforderlich, ein bestimmtes Minimum an faktischen Daten zu besitzen und eine Einschätzung der prognostischen Vorräte für relativ kleine Teilgebiete durchzuführen, deren Ausmaße durch die in ihren Bereichen vorhandenen Typen und Charaktere der tektonischen Störung, der stratigraphischen Diskordanz oder des Auskeilens (fazieller Wechsel) begrenzt werden. Je genauer diese Zustände berücksichtigt werden, um so glaubwürdiger wird bei gleichen übrigen Bedingungen das Berechnungsergebnis sein.

Bei getrennter Einschätzung prognostischer Erdöl- und Erdgasvorräte für Territorien, die durch ein Überwiegen von Fallen und in ihnen vermuteter Lager des einen oder anderen Types gekennzeichnet sind, werden eine genauere Bestimmung der potentiellen Möglichkeiten des Erdinnern sowie eine begründetere Bestimmung von

Richtungen und Methoden der Such- und Erkundungsarbeiten gesichert.

Neben den genannten Methoden für die Einschätzung prognostischer Vorräte der Untergruppe D_1 kann auch die Methode der spezifischen Vorratsdichten empfohlen werden. Diese Methode beruht auf der Übertragung mittlerer spezifischer Dichten der Summe nachgewiesener geologischer Erdöl- und Erdgasvorräte der Kategorien $A + B + C_1 + C_2$ in 10^3 t pro km^2 Fläche eines gutuntersuchten (Vergleichs-) Gebiets auf in geologischer Hinsicht ähnliche, jedoch weniger untersuchte, einzuschätzende Gebiete.

Die Erfahrung der Anwendung dieser Methode zeigt, daß die Genauigkeit der Berechnung prognostischer Vorräte vollkommen akzeptabel in dem Falle ist, daß die Einschätzung für eine einzelne lithologisch homogene Schicht (Horizont) durchgeführt wird, die sowohl im Vergleichs- als auch im einzuschätzenden Teilgebiet und im Bereich eines einheitlichen für diese Teilgebiete tektonischen Elements ausgebildet ist, dessen anderer Teil im Vergleichsgebiet liegt (oder im Bereich des tektonischen Elements, das hinsichtlich des geologischen Baues analog dem tektonischen Element des Vergleichsgebiets ist). Die Ausgangsgröße der mittleren spezifischen Dichte des Vergleichsgebiets ist gleich:

$$q = \frac{\sum_{1}^{n} Q}{S_1}$$

Dabei bedeuten:

$\sum_{1}^{n} Q$ — Summe der in der produktiven Schicht im Bereich des Vergleichsgebiets aufgefundenen geologischen Erdöl- und/oder Erdgasvorräte, in 10^3 t Brennstoffeinheiten;

S_1 — Gesamtfläche des Vergleichsgebiets, in km^2.

Die Menge der prognostischen Vorräte kann dann bestimmt werden nach der Formel:

$$Q = q \cdot S_2$$

Dabei bedeutet:

S_2 — Gesamtfläche des einzuschätzenden Gebiets, in km^2, auf dem das Vorhandensein der gleichen Schicht nachgewiesen, ihre Produktivität jedoch noch nicht bewiesen wurde.

Wenn die mittleren Werte der Mächtigkeit oder Porosität des Speicherhorizonts im Bereich des Vergleichs- und einzuschätzenden Gebiets unterschiedlich sind, so muß in die Berechnungsformel unbedingt ein entsprechender Korrekturfaktor eingesetzt werden. Außerdem, ausgehend von den Gesetzmäßigkeiten der Verteilung prognostischer Erdölvorräte der Kategorien $A + B + C_1$, die in Zwischen- und Vorgebirgssenken aufgefunden wurden, muß berücksichtigt werden, daß bei ähnlichen Flächenausmaßen von zwei einzuschätzenden Teilgebieten, die jeweils am steilen und flachen Hang eines positiven tektonischen Elements (I. oder II. Ordnung) liegen, die spezifische Dichte der Erdölvorräte am steilen Hang geringer als am weniger geneigten sein muß. Es sollte auch berücksichtigt werden, daß die Größe der spezifischen Vorräte in den inneren Zonen der Vorgebirgssenken gewöhnlich höher ist als in den äußeren Zonen der gleichen Senke.

Alle diese Methoden ermöglichen, die prognostischen Erdöl- oder Kohlenwasserstoffvorräte (Erdöl und Erdgas zusammen, in 10^3 t Brennstoffeinheiten) zu berechnen. Nach einer gemeinsamen Einschätzung dieser Vorräte sollte das Ergebnis für die getrennte Registratur der möglichen Erdöl- und Erdgasvorräte unterteilt werden. Dafür kann man das Verhältnis zwischen den initialen Erdöl- und Erdgasvorräten der Kategorien $A + B + C_1$ nehmen oder das Verhältnis zwischen ihrer praktischen Förderung aus dem Vergleichsgebiet. Fehlen solche Möglichkeiten, so sollte vom Veränderungscharakter der geologisch-geochemischen Bedingungen der Kohlenwasserstoffverbreitung ausgegangen werden.

Literatur

BUJALOW, N. I., & E. V. SACHAROW: Zur Präzisierung der Methode, die für die Einschätzung der prognostischen Erdöl- und Erdgasvorräte der Untergruppe D_1 empfohlen wurde. — Neftegasowaja geologija i geofisika, Nr. 11, Moskau 1965.

SHDANOW, M. A., & E. V. GORDINSKIJ: Berechnung von prognostischen Erdöl- und Erdgasvorräten. — Nedra, Moskau 1968.

NERUTSCHEW, S. G., M. F. DWALI, V. A. KROTOWA, W. A. USPENSKIJ & A. I. BOGOMOLOW: Suchkriterien für die Prognose der Erdöl-Erdgas-Führung. — Trudy WNIGRI, vypusk 269, Nedra, Leningrad 1969.

POLSTER, L. A., & M. S. NAPOLSKIJ: Prinzipien zur Einschätzung der Perspektiven einer Erdöl-Erdgas-Führung großer Territorien. — Nedra, Moskau 1964.

Probleme der Erdölwirtschaft Westsibiriens

F. G. GURARI, UdSSR

Referiert von KURT KAUTER, Berlin

Die Einzigartigkeit der Erdöl- und Erdgasführung Westsibiriens besteht nicht nur in der riesigen Fläche mit perspektivischem Charakter, die über anderthalb Mill. km^2 groß ist. Die Hauptsache ist das seltene Zusammentreffen günstiger Verhältnisse, die sowohl für die Bildung der Erdöl- und Erdgaslagerstätten als auch für ihre Erhaltung bis zur Gegenwart notwendig waren. Die Einfachheit des geologischen Baues, die großen Ausmaße der strukturellen Fallen ermöglichten die Entstehung von Lagern mit riesigen Erdöl- und Erdgasvorräten.

Bis Anfang 1970 wurden hier 134 Lagerstätten, davon 75 Erdöl-, 9 Erdöl–Erdgas-, 50 Erdgas- und Gaskondensatlagerstätten entdeckt. Eine der markantesten Kennziffern ist die ungewöhnlich hohe Zahl großer und übergroßer Lagerstätten. In den USA betrug 1962 der Anteil der großen Lagerstätten mit initialen Vorräten von mehr als 50 Mill. t nur 2%. Von den mehr als 3000 Erdgaslagerstätten gehören weniger als 1% zu den großen mit Vorräten von mehr als 30 Mrd. m^3. In der UdSSR

Titel der Originalarbeit: Erdöl und Erdgas Westsibiriens — Perspektiven und Probleme.

Aus: „Priroda", Nr. 1 (1971), Moskau 1971.

Übers.: H. SCHNEIDER, Berlin.

ist der Anteil der großen Lagerstätten höher. 1961, d. h. bis zu den wesentlichsten Entdeckungen in Westsibirien, gehörten zu den großen 11% aller Erdölvorkommen; von den Erdgaslagerstätten waren es 4%; die Zahl der mittelgroßen betrug jeweils 28 und 11% der Gesamtanzahl. In der westsibirischen Provinz entfallen von den 126 erkundeten Lagerstätten auf die großen und „Giganten" 36%; zu den mittelgroßen zählen 31%.

Die Entdeckung von solchen Gasgiganten im tjumenischen Norden, wie Urengoj (größte Erdgaslagerstätte der Welt), Sapoljarnoje, Medweshje und einiger anderer Lagerstätten, vergrößerte die nachgewiesenen Gasvorräte der UdSSR um mehr als das Doppelte. Die UdSSR überholte die USA und erreichte den ersten Platz.

Nicht weniger bedeutend sind die Erdölvorräte Westsibiriens. Von den Lagerstätten der Sättel von Surgut und Ninse-Wartow gehören 70% zu den großen. Die Erdölgiganten Ust-Balyk, Mamontowskoje und insbesondere Samotlorskoje zählen zu den größten der Welt. Die erkundeten Vorräte würden erlauben, jährlich einige hundert Mill. t Erdöl und mehr als 500 Mrd. m^3 Erdgas in Westsibirien zu fördern.

Die günstigen geologischen Verhältnisse gestatten ein sehr schnelles Abteufen der Tiefbohrungen. Die meisten Lagerstätten liegen nicht sehr tief. 96% der prognostischen Erdöl- und 91% der Erdgasvorräte befinden sich in Teufen bis zu 3000 m, die mit der gegenwärtigen Standardbohrausrüstung leicht erreichbar sind. Die gigantischen Erdgaslager des Nordens befinden sich in Teufen von ca. 700 bis 1300 m.

Westsibirien weist eine hohe Produktivität der Eruptionssonden auf. Die meisten fördern mit 60 bis 100 t Erdöl pro Tag. Auf Samotlor erreicht die tägliche Förderrate pro Sonde 1000 t. Die Erdölförderung Westsibiriens wächst schnell an. Beginnend mit einigen tausend t 1964, erreichte sie schnell 12 Mill. t im Jahre 1968 und 21 Mill. t 1969. Der mittlere jährliche Zuwachs der Erdölförderung beträgt ca. 9 Mill. t. Um eine jährliche Förderhöhe von ca. 30 Mill. t zu erreichen, benötigte Westsibirien 7 Jahre.

Die Qualität der Erdöle ist gut. In der Regel sind sie leicht und schwefelarm, mit einem hohen Anteil an hellen Fraktionen. Schwefelreiche Erdöle, die sehr schwer zu verarbeiten sind, werden hier selten angetroffen.

Es ist vorgesehen, die Erdölförderung in diesem Gebiet 1975 auf 100 bis 120 Mill. t und 1980 auf 230 bis 260 Mill. t zu steigern. Um diese Aufgabe zu erfüllen, wurden zum Aufbau einer großen erdölfördernden Basis in Westsibirien riesige Industrie-, Transport- und kulturelle Bauvorhaben geplant.

Ein komplizierter Komplex von Problemen

Nach 1980 wird Westsibirien die Aufgabe einer weiteren Steigerung der Erdöl- und Erdgasförderung der UdSSR übernehmen. Die bis heute berechneten prognostischen Vorräte erlauben diesen Schluß. Doch liegt ein bedeutender Teil von ihnen im Norden der Provinz. Hier gibt es jedoch sehr wenig Tiefbohrungen, die die ganze erdöl-erdgas-höffige Folge durchteuft haben. Bisher wurde die Aufmerksamkeit auf die Suche nicht tief lagernder Gaslagerstätten gerichtet.

Gegenwärtig besteht jedoch die Hauptaufgabe darin, die erkundeten Erdölvorräte zu vergrößern. Über die Möglichkeit des Vorkommens größerer Erdöllagerstätten in diesem perspektivischen Gebiet bestehen mehrere wissenschaftliche Meinungen, deren Grundlagen zur Zeit geprüft werden.

Bisher wurden in Westsibirien Lagerstätten des einfachsten antiklinalen Typs entdeckt. Die Erkundungsmethodik für ihre Suche war relativ einfach. Das hohe Tempo der Such- und Erkundungsarbeiten führt dazu, daß in einigen Gebieten die Reserve an günstigen Antiklinalstrukturen sehr gering ist. Es ist notwendig, zur Suche neuer, komplizierter Lagertypen überzugehen. Dafür aber gibt es gegenwärtig noch keine ausgearbeiteten Methodiken. Diese müssen erst im Verlauf der Suche erarbeitet werden.

Es gibt auch eine Reihe geologischer Probleme wie: Gesetzmäßigkeiten der Verteilung von Speichergesteinen und deren Typen in jurassischen Ablagerungen, Frage nach der Perspektive von Becken und Senken u. a. m.; aber sie alle treten infolge der Schwierigkeit hinter die ingenieurtechnischen, organisatorischen Probleme zurück.

Westsibirien ist ingenieurgeologisch wenig untersucht. Noch vor 10 bis 12 Jahren nahm niemand an, daß sich hier eine sehr verschiedenartige Bautätigkeit stürmisch entwickeln wird. Ohne ingenieurgeologische Angaben ist es unmöglich, Stellen für den Bau von Häusern, Industrieanlagen, Trassen für Pipelines, Eisenbahnen oder Straßen auszuwählen. Die spärlichen Angaben über die ingenieurgeologischen Verhältnisse in Westsibirien komplizieren die Arbeit mehr als irgendwo.

Die berühmten westsibirischen Sümpfe sind heimtückisch, sie sind sehr beweglich, wandern sogar bei sehr geringen Schwingungen der Erdoberfläche schnell über große Entfernungen und bedrohen dabei bebaute Gebiete. 63% der Fläche von Samotlor sind von Sümpfen bedeckt und weitere 12% von Seen mit einer Tiefe bis zu 6 m. Die Errichtung von Bohrtürmen, die Sicherung des Zubringerdienstes, der Bau von Pumpstationen, Kraftwerken, Rohrlagern, Tanklagern u.s.w. bringen jeweils eine Fülle von Problemen mit sich.

Die weite Verbreitung der Sümpfe (im Mittel mehr als 50% des Territoriums im Zentrum und im Norden der Provinz, in einzelnen Gebieten sogar 70 bis 80%) birgt in sich noch eine Gefahr. Bei dem vorgesehenen Abbau sehr großer Erdölmengen muß zur Aufrechterhaltung der Schichtenergie eine riesige Menge Wasser in die Speicher injiziert werden. Es wurde vorgeschlagen, dazu die Schichtwässer der Cenoman-Sande im Hangenden der Erdöllager zu verwenden. Das erleichtere und verbillige zweifellos die Erdölförderung. Aber die Cenoman-Sande lagern verhältnismäßig nicht tief, etwa bis 1000 m. Die Entnahme von großen Wassermassen aus ihnen kann zum Absinken der Oberfläche führen. In der Welt gibt es nicht wenige Beispiele von Absenkungen der Tagesoberfläche mit 10 bis 12 m über Erdölfeldern und artesischen Becken. In einem solchen Fall werden dann die umliegenden Sümpfe in das betreffende Gebiet eindringen.

Eine besondere Gefahr bedeutet das Absinken der Oberfläche für Lagerstätten, die in den Hochwassergebieten großer Flüsse liegen, wie Ust-Balyk u. a. Hier kann sich das gesamte hydrologische Regime bedeutend ändern.

Ein anderes Problem ist die „ewige Vereisung“. Sie umfaßt ungefähr die Hälfte der perspektivischen Teile Westsibiriens. Es gibt bisher keine ernsthafte tiefgründige Untersuchung dieser Naturerscheinung. Die Vereisung beeinflußt alle Stadien des Prozesses der Suche, des Aufschlusses, Abbaus und Transports von Erdöl und Erdgas, angefangen von den Ergebnissen der Seismik, über das Abteufen, die Zementierung und die Förderung des Erdöls, besonders des Erdgases, aber noch mehr das Bauwesen und die Anlage von Pipelines.

Die riesigen Gaslager erfordern Betriebsgiganten von bisher unbekannten Ausmaßen. Bis zu 100 Mrd. m^3 Erdgas sollen jährlich abgegeben werden. Dabei ist vorgesehen, das Gas über Sonden auszubringen, die 2- bis 3mal größer sind als bisher. Eine solche Sonde kann 3 bis 6 Mill. m^3 pro Tag fördern. Die ungeheuer großen Maßstäbe aller dieser Installationen werden die sehr geringen Kosten des tjumenischen Gases in allen Verbrauchspunkten sichern.

Hier tauchen neue Befürchtungen auf. Wird sich der Frostboden in der Bohrlochzone bemerkbar machen? Kann es infolge des starken Stroms von verhältnismäßig warmem Gas zum Schmelzen kommen, zu Einstürzen, zur Trichterbildung? Stehen bei den hohen Schichtdrükken ernsthafte Havarien bevor?

Die nördlichste Gasleitung der Welt von Messojacha nach Norilsk wurde wegen des Frostbodens über der Erde auf Betonpfeilern verlegt. Dennoch erschweren starke Temperaturschwankungen (die Amplitude der äußersten Temperaturen erreicht im Verlauf eines Jahres 95 bis 100 °C, im Verlauf eines Tages 30 bis 35 °C) und böige Winde häufig seine Nutzung.

Nicht nur die ewige Vereisung bringt Schwierigkeiten mit sich. Auch die Maßstäbe der Bauvorhaben sind ungewöhnlich. In einem Rohr der Gasleitung mit einem Durchmesser von 2520 mm hat ein PKW bequem Platz. Diese gigantischen Rohre müssen über Tausende Kilometer durch Taiga und Sümpfe transportiert, gebogen, verschweißt und mit Korrosionsschutz versehen werden. Es sind auch entsprechende verschiedenartige Armaturen zu projektieren und herzustellen.

Ein weiteres Hauptproblem ist die Gewährleistung der Sicherheit für alle Systeme. Man kann sich die Folgen des plötzlichen Platzens eines solchen Leitungsriesen, durch den täglich unter hohem Druck Zehntausende Tonnen Erdöl oder Millionen Kubikmeter Erdgas gepumpt werden, kaum vorstellen. Deshalb arbeiten allein an diesem Problem große Gruppen von Fachleuten.

Die hier anstehenden Probleme sind so einmalig, so umfangreich und so vielschichtig, daß nicht zufällig Vorschläge über die Schaffung eines speziellen Organs bei der Staatlichen Plankommission der UdSSR gemacht wurden, das die gesamte Tätigkeit zur Erschließung der Erdöl- und Erdgasreichtümer Westsibiriens leiten und koordinieren könnte. Aber bei allen bestehenden und noch entstehenden Schwierigkeiten gibt es keinen Zweifel darüber, daß, ungeachtet aller komplizierten Probleme, die Gewinnung von Erdöl und Erdgas aus Westsibirien immer mehr in die Volkswirtschaft der UdSSR einbezogen wird.

Hydrologische Probleme beim Wasseranstau in der Mansfelder Mulde[1]

WOLFGANG JUNG & MARTIN SPILKER, Sangerhausen

1. Vorbereitungsarbeiten

In der Mansfelder Mulde wurde Ende 1969 nach über 750 Jahre währendem Abbau von Kupferschiefer der Bergbau planmäßig beendet. Zurück blieben — im wesentlichen in den Kreisen Hettstedt und Eisleben liegend — ca. 150 km^2 abgebaute Flözfläche, die sich zwischen dem Ausgehenden des Kupferschieferflözes und der 14. Tiefbausohle erstrecken (vgl. Abb. 1), und eine Vielzahl von Tagesöffnungen.

Damit wurden zahlreiche Probleme aufgeworfen, die sich in den Komplexen

sichere Verwahrung von Schächten,
Wiederurbarmachung und
Beherrschung der hydrogeologischen Konsequenzen

zusammenfassen lassen. Sie müssen so bewältigt werden, daß den Forderungen des Berggesetzes der DDR allseitig entsprochen wird.

Im folgenden wird nur kurz zu hydrologischen Fragen Stellung genommen.

Führt man sich die Größe des im unmittelbaren Einflußbereich des Bergbaus liegenden Gebiets und die Tatsache, daß seit mehr als 70 Jahren jährlich mindestens 10 Mill. m^3 Salzwasser gehoben werden mußten, vor Augen, so wird der Umfang des Vorhabens, das z. Z. kein Analogon kennt, deutlich umrissen. Es war deshalb leitenden Wirtschaftsfunktionären des VEB Mansfeld-Kombinat „Wilhelm Pieck“ von vornherein klar, daß umfangreiche geologisch-hydrogeologische Vorarbeiten geleistet werden mußten.

Als konkrete Einleitung kann der Aufsatz von JUNG & LIEBISCH (1966) gelten. Ihm folgten auf der Basis eines von Geologen des VEB Mansfeld-Kombinat erarbeiteten ersten Entwurfs vom 21. 10. 1966 drei sich fortlaufend ergänzende „Gutachten über die Grundlagen und möglichen Folgen des geplanten Wasseranstaus des VEB Mansfeld-Kombinat ‚Wilhelm Pieck‘ in den Grubenbauen der Mansfelder Mulde“ der Bezirksstelle für Geologie beim Rat des Bezirkes Halle, an deren Ausarbeitung auch mehrere Fachkollegen anderer Industriezweige im Rahmen der vom Koll. Dipl.-Geol. K. BRENDEL geleiteten Arbeitsgruppe teilnahmen.

Die zweite Fassung des Gutachtens wurde am 2. Juni 1967 auf einer Sitzung einem gesondert eingeladenen

Eingang des Manuskripts in der Redaktion: 13. 7. 1971.

[1] Überarbeitete und geringfügig ergänzte Fassung des auf der Tagung der DGGW am 27. 5. 1971 in Halle gehaltenen Vortrags.

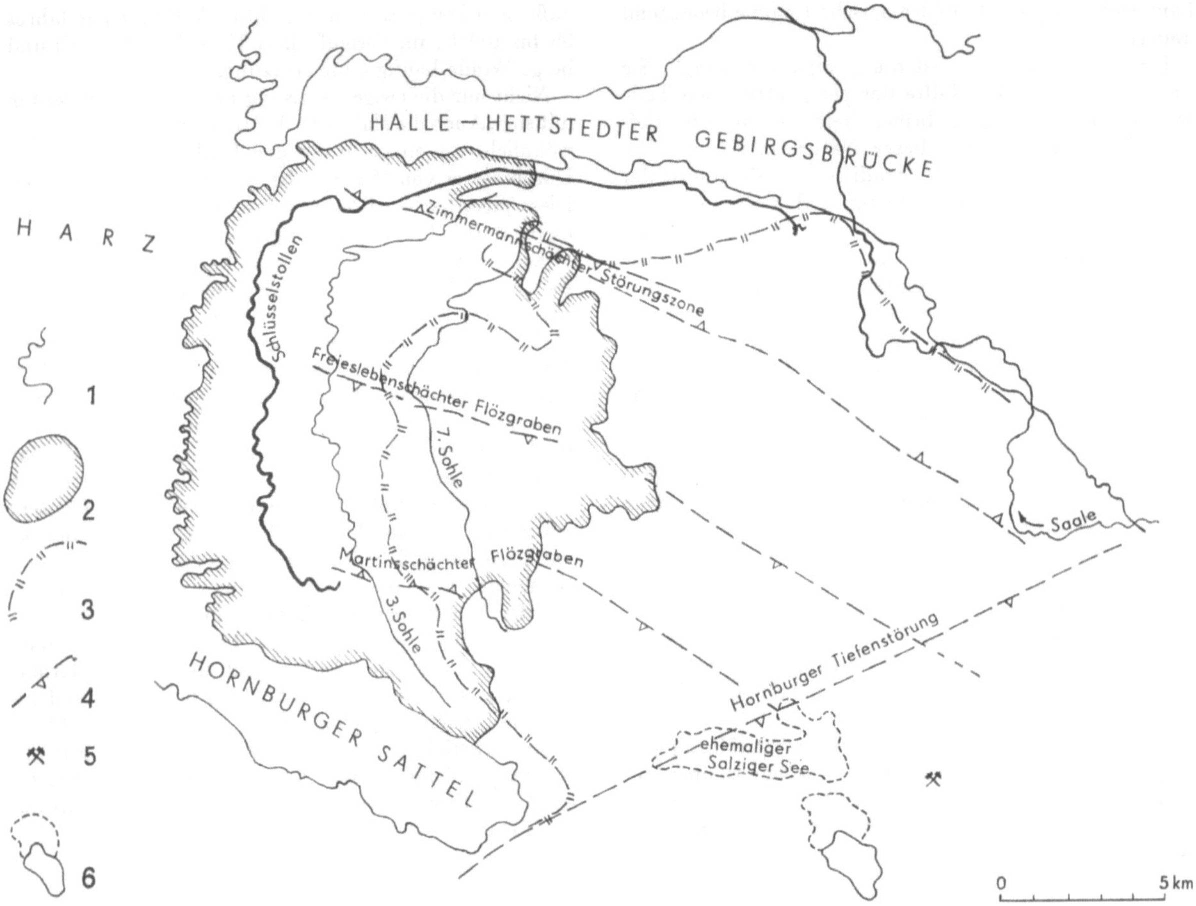

Abb. 1. Übersichtsskizze der Mansfelder Mulde

1 – Ausgehendes des Kupferschiefers; 2 – Fläche des abgebauten Kupferschieferflözes; 3 – Verbreitungsgrenze des Staßfurt-Steinsalzes, Striche in Richtung Salz; 4 – Hauptstörungszonen mit Angabe der relativ gesunkenen Schollen; 5 – VEB Kaliwerk „Deutschland" in Teutschenthal; 6 – derzeitig aufgeschlossener bzw. zukünftiger Tagebau des VEB Braunkohlenkombinat „Gustav Sobottka" in Röblingen

großen Kreis von Fachleuten der DDR unterbreitet und dort zur Diskussion gestellt. Außerdem erfolgten zu Komplexen und zu Details Konsultationen mit erfahrenen Hydrogeologen und anderen Fachleuten aus der DDR, der Sowjetunion, der Ungarischen VR und Österreich.

Man kann also davon sprechen, daß auf breiter Ebene und unter effektiver Ausnutzung des vorliegenden Kenntnisstands die planmäßige Flutung zielstrebig vorbereitet wurde, die am 1. 7. 1970 mit der Stilllegung der umfangreichen und ökonomisch aufwendigen Wasserhaltung begann.

Es ist uns ein Bedürfnis, allen, die uns in irgendeiner Weise geholfen haben, an dieser Stelle nochmals herzlich zu danken. Wir hoffen, daß wir auch bei den weiteren Arbeiten ihre Unterstützung erhalten.

2. Skizze der geologisch-hydrologischen Verhältnisse

In der Mansfelder Mulde, die vom Hornburger Sattel, dem Harz, der Halle–Hettstedter Gebirgsbrücke und der Hornburger Tiefenstörung begrenzt wird (vgl. Abb. 1), liegen über Rotliegendem Gesteine des Zechsteins und der Trias (hauptsächlich Buntsandstein), die wiederum von einer Reihe von Tertiärbecken und einem unterschiedlich mächtigen Schleier von Quartär überlagert werden. Rotliegendes, Zechstein und Trias weisen ein von den Rändern der Mansfelder Mulde ins Innere hin gerichtetes Einfallen auf. Im Zechstein sind sowohl vertikale als auch horizontale Faziesdifferenzierungen nachgewiesen worden (BLEI & JUNG 1962).

Das Gesamtgebiet ist durch eine Vielzahl von vorzugsweise herzyn streichenden Dislokationen, die sich mit erzgebirgisch streichenden vergittern, gegliedert. Dabei treten Sprunghöhen von wenigen Zentimetern bis zu mehreren hundert Metern auf. Die markantesten tektonischen Linien sind die NW–SE verlaufenden Martinsschächter, Freieslebenschächter und Zimmermannschächter Störungszonen und die erzgebirgisch streichende Hornburger Tiefenstörung (JUNG 1965).

Neben der Tektonik haben für die Hydrogeologie besonders die leichte Wasserlöslichkeit eines großen Teils der Gesteine des Zechsteins sowie die horizontalen und vertikalen Faziesgrenzen Bedeutung. Durch die Subrosionsvorgänge, die im wesentlichen vom Ausgehenden her, also regulär i. S. von WEBER (1930), wirken, wurde das Normalprofil stark beeinflußt und in dieser Schichtenfolge im N, W und SW der Mansfelder Mulde ein unterschiedlich breiter Streifen zum Teil völlig zerstörten Zechsteins geschaffen. Durch irreguläre Auslaugung wurden auch weitab vom Ausgehenden liegende, tektonisch besonders stark beanspruchte Bereiche in diese Vorgänge einbezogen und dadurch vor allem die Verbreitungsgrenzen der Halite als bevorzugte Zirkulationswege für diese Wässer zu Schwerpunkten der rezenten Subrosion entwickelt (JUNG & LIEBISCH 1966 und JUNG & SPILKER 1969).

Aus dem Vorstehenden ergibt sich, daß der Bergbau bei seinem Vordringen vom Ausgehenden des Kupferschiefers her in immer größerer Teufe ständig unter Wasserzuflüssen zu leiden hatte. Den Schwerpunkt der Zuflußtätigkeit bildeten dabei zunächst die Randbereiche, dann die Gebiete der Verbreitungsgrenzen der Halite und dort besonders die tektonischen Kreuzungspunkte, in denen zunehmend katastrophale Wassereinbrüche auftraten.

Diese besonders gegen Ende des vorigen Jahrhunderts beginnende Entwicklung, deren Höhepunkt das Leerlaufen des ehem. Salzigen Sees 1892 bildete (LORENZ 1962), forderte die Schaffung eines leistungsstarken Wasserhaltungssystems, zumal durch diesen Vorfall deutlich wurde, daß das Einzugsgebiet der Wässer zum Teil weit außerhalb der Abbaugrenzen lag.

Dieses System aus kilometerlangen Ritz- bzw. Sumpfstrecken besonders in der 3., 5. und 7. Sohle mit den dazugehörigen Pumpstationen ermöglichte, in den letzten zwei Jahrzehnten jährlich in Abhängigkeit von den Niederschlägen zwischen 15 und 25 Mill. m^3 Salzwasser zu heben (nicht enthalten sind in dieser Menge die als Trink- und Brauchwasser geförderten Mengen von ca. 6 Mill. m^3/a).

Die im wesentlichen in der 5. und 7. Tiefbausohle anfallenden Salzwassermengen wurden durch die Wasserhaltungen dem vor 100 Jahren in Betrieb gegangenen Schlüsselstollen (+72 m NN) zugehoben und durch ihn der Saale zugeführt (vgl. Abb. 1).

Mit diesen Wässern gelangten jährlich etwa 4 Mill. t gelöste Substanz in den Vorfluter. Zeugen dieses Substanzschwunds im Zechstein sind übertägig großräumige Senkungen, die sich ebenso wie die Zuflußschwerpunkte unter Tage vor allem entlang den Verbreitungsgrenzen der Halite ausgebildet haben (vgl. JUNG & LIEBISCH 1966 sowie BRENDEL, FANTASNY & SUDERLAU 1970 und SPILKER & SCHWARZKOPF 1971).

3. Erkannte Schwerpunkte des Wasseranstaus

In dem eingangs genannten Gutachten wurden zwei Hauptkomplexe herausgestellt:

Vermutlicher Anstauverlauf und
möglicherweise zu erwartende Schäden.

Die Ermittlung des Anstauverlaufs basierte dabei auf den zulaufenden Wassermengen und dem vorhandenen Hohlraum.

Auf Grund der vorliegenden Daten der Wasserhaltung wurde dieser Berechnung zunächst ein Zufluß von 31 m^3/min im Muldentiefsten zugrunde gelegt. Diese Zahl wurde auf Grund der Entwicklung der letzten Jahre unmittelbar vor Anstaubeginn auf 38 m^3/min erhöht und rückte damit in den Bereich des von AURADA (1970) unter Berücksichtigung aller vorliegenden Einflußgrößen und des Trends der Mengenentwicklung genannten Wertes.

Die Berechnung der Hohlräume wirft ein echtes Problem auf, weil auf Grund der schon geschilderten Verhältnisse neben dem bergmännisch geschaffenen auch ein durch den laufenden subrosiven Substanzschwund im Gebirge entstandener Hohlraum zu erwarten ist.

Die bergmännisch geschaffenen Hohlräume ließen sich dabei noch relativ einfach durch Multiplikation der abgebauten Flözfläche mit einem durchschnittlichen Faktor von 0,42 bestimmen. Dieser Faktor sagt aus, daß pro m^2 abgebaute Flözfläche im Durchschnitt 0,42 m^3 Wasser eingebracht werden können; er war vorher unter Tage experimentell bestimmt worden. Der zwischen der 14. Tiefbausohle und dem Schlüsselstollen als höchstem Stauniveau vorhandene bergmännische Hohlraum wurde so zu rd. 44 Mill. m^3 ermittelt.

Bei der Bestimmung der natürlichen Hohlräume wurde von folgender Überlegung ausgegangen.

Die Wassereinbrüche wiesen nach dem Abklingen stets einen Restzufluß auf (vgl. LORENZ 1962), der dem ständigen Austritt, d. h. der kontinuierlichen Speisung aus dem Einzugsgebiet, zugeordnet werden kann. Die im Zusammenhang mit Katastrophen zusätzlich eintretenden Wassermengen müßten demnach aus vorher wassergefüllten Hohlräumen stammen. Somit kann gewissermaßen eine Zuordnung der Wassermengen bei katastrophalen Einbrüchen teils zum statischen, teils zum dynamischen Wasservorrat vorgenommen werden. Da sich Wassereinbrüche auch in der Kurve der seitens der Wasserhaltung gehobenen Wassermengen als Spitzenwerte abhoben (vgl. Abb. 6 in der Arbeit von JUNG & LIEBISCH 1966), wurden diese peaks gekappt und so ein „Normalzufluß" ermittelt. Die resultierende Differenz wurde als Größenmaß natürlicher Hohlräume angesehen. Es ist dabei aber von Anfang an betont worden, daß es sich nur um einen quantitativen Anhaltspunkt handeln kann. Diese Methode und die ermittelten 171 Mill. m^3 wurden zunächst von allen Fachkollegen akzeptiert; deshalb ist diese Zahl auch zur Grundlage der weiteren Betrachtungen genommen worden.

Eine Korrektur für den Umstand, daß Senkungen der Tagesoberfläche möglicherweise einen Teil des Hohlraums kompensieren, wurde nicht angebracht, da die senkungsbedingte Auflockerung des Hangenden erneut Hohlraum schafft und so keine wesentliche Verminderung zu erwarten ist.

Aus den Ausgangswerten 31 m^3/min Zufluß, 171 Mill. m^3 natürlicher und 44 Mill. m^3 bergmännischer Hohlraum errechnete sich eine Anstauzeit von 13 Jahren. Sie reduzierte sich nach Korrektur der Zuflußwerte auf 38 m^3/min für 1970 bzw. 34 m^3/min für die folgenden Jahre auf rd. 12 Jahre.

Außerdem wurde der Versuch unternommen, den Anstauverlauf mit zeitlichen Angaben auf Sohlenniveau zu beziehen.

Nach AURADA (1970), der mit der Monte-Carlo-Methode gearbeitet hat, ergibt sich eine Anstauzeit von 16 bis 20 Jahren. Die längere Anstauzeit beruht im wesentlichen auf der Annahme einer laufenden Zuflußreduzierung beim Überstau der Austrittsstellen unter Tage.

Da zeitliche Verschiebungen des Anstauverlaufs zu weitreichenden Konsequenzen in der Territorialplanung führen würden, haben wir von der möglichen kontinuierlichen Zuflußminderung beim Überstau der Austrittsstellen abgesehen, um im Bereich des zeitlichen Vorteils, also prinzipiell auf der sicheren Seite, zu sein.

Es muß noch erwähnt werden, daß die Berechnung des natürlichen Hohlraums aus der abgeführten Salzmenge ebenfalls durchgeführt wurde, aber u. E. unsicherer erschien, da wesentlich weniger Zahlenmaterial zur Verfügung stand. Trotzdem führte dieser Weg, der rd. 100 Mill. m^3 Hohlraum ergab, nicht zu grundsätzlich anderer Größenordnung.

Auch der Versuch der Hohlraumermittlung mittels eines Porositätsfaktors wurde unternommen. Unter Zugrundelegung des in Ungarn üblichen Wertes von etwa 1% ergab sich bei rd. 100 m verkarstbarem Anhydritgestein und unter Einbeziehung der bergbaulich unmittelbar beeinflußten Fläche ein Wert zwischen 100 und 150 Mill. m^3, also eine ähnliche Höhe.

Mögliche Beeinflussungen durch die Flutung der Kupferschiefergruben wurden in der ersten Bearbeitungsphase gesehen im Hinblick auf

den VEB Kaliwerk „Deutschland" in Teutschenthal,
den VEB Braunkohlenbergbau „Gustav Sobottka" in Röblingen,
die Trink- und Brauchwasserversorgung und
die Landwirtschaft im Gebiet des ehemaligen Salzigen Sees.

Nach nochmaliger Sichtung und Wertung des Materials und unter Berücksichtigung von Erfahrungen im Kali- und Salzbergbau konnten zusammen mit maßgeblichen Vertretern dieses Industriezweigs sämtliche Bedenken einer evtl. negativen Beeinflussung des Kaliwerks Teutschenthal bald zerstreut werden.

Für die anderen drei möglicherweise gefährdeten Gebiete war der Ausgangspunkt einer ersten Einschätzung zunächst ein ganz schematischer Vergleich der entsprechenden NN-Werte mit dem Anstauendstand Schlüsselstollenniveau (+72 m NN), da man noch nicht in der Lage war, die konkreten geologischen Verhältnisse im einzelnen zu berücksichtigen.

Da vor allem die Befürchtungen der Braunkohlenindustrie nicht sofort entkräftet werden konnten und auch z. Z. noch Meinungsverschiedenheiten bestehen, wurde auf Grund von Variantenuntersuchungen seitens der Arbeitsgruppe bei der Bezirksstelle für Geologie ein Anstau in zwei Etappen vorgeschlagen. Der Endstand der ersten Etappe soll dort liegen, wo eine Beeinflussung dieser drei Objekte nach Auffassung aller Beteiligten unmöglich ist. Vor allem wegen des Vorhandenseins einer leistungsfähigen Pumpstation in der 3. Tiefbausohle (—110 m NN), die in der Lage ist, den Flutungsprozeß zu unterbrechen, wurde dieses Niveau als Ende der ersten Etappe gewählt.

Der bis dahin verbleibende Zeitraum wird entsprechend einem Beschluß des Rates des Bezirkes Halle zur weiteren wissenschaftlichen Vorbereitung der zweiten Etappe des Anstaus genutzt. Mit der Wasserwirtschaftsdirektion Halle ist deshalb eine entsprechende Arbeitsvereinbarung geschlossen worden.

Zum anderen ist seitens des Mansfeld-Kombinats ein Gutachten vorgelegt worden, in dem herausgearbeitet wurde, daß eine zusätzliche Beeinflussung des Nordrands der Tagebauböschung von Amsdorf nicht zu befürchten ist. Da die Vertreter der Braunkohlenindustrie auch weiterhin Bedenken haben, wird dieser Fragenkomplex jetzt von anderer Seite begutachtet.

Insgesamt kann erwartet werden, daß die eingeleiteten Untersuchungen in den nächsten Jahren weitere Aufhellungen bringen werden, um letztlich in Richtung eines volkswirtschaftlichen Optimums den Gesamtprozeß steuern zu können.

4. Bisheriger Anstauverlauf

Wie einleitend erwähnt, sind seit dem 1. 7. 1970 die Salzwasserhaltungen des Mansfelder Kupferschieferbergbaus in der Mansfelder Mulde außer Betrieb. Zu diesem Zeitpunkt hatte sich bereits wegen des vorherigen Abschaltens kleiner Zubringerwasserhaltungen unterhalb der 7. Sohle im Muldentiefsten der Hohlraum von der 14. zur 13. Tiefbausohle gefüllt, das sind ca. 0,3 Mill. m^3.

Im Februar 1971 wurde die 7. Tiefbausohle vom aufgehenden Wasser erreicht. Bis dahin flossen mit durchschnittlich 37,0 m^3/min insgesamt rd. 13 Mill. m^3 Wasser zu.

Nach Überstau der 7. Sohle und damit eines Hauptzuflußgebiets ist eine Messung aller Wasserzutrittsstellen nicht mehr möglich. Die überschläglichen Ermittlungen ergaben bis Ende Mai 1971 einen durchschnittlichen Zufluß von 36,5 m^3/min und von insgesamt rd. 18 Mill. m^3. Der Wasserspiegel wurde durch Kontrollen mit der Grubenwehr am 24. 6. 1971 bei —287 m NN festgestellt, das ist etwa 11 m oberhalb der 6. Sohle.

Eine Einschätzung des bisherigen Anstauverfahrens fällt bis zum Niveau 7. Sohle (= —361 m NN) insofern leicht, als von der 13. bis zur 7. Sohle nur der anteilige bergmännische Hohlraum zu betrachten ist. Aus den Kontrollwerten muß man konstatieren, daß in diesem Bereich ein Vorlauf bis zu 10% gegenüber den vorausberechneten Werten auftrat. Diese Differenz kann noch als Bestätigung richtiger Arbeitsweise akzeptiert werden. Sie liegt an der oberen Toleranzgrenze von AURADA (1970) (vgl. Abb. 2).

Die natürlichen Hohlräume mit 171 Mill. m^3 werden in ihrer Lage nur oberhalb der 7. Sohle vermutet. Eine Zuordnung auf einzelne Sohlenabschnitte ist natürlich äußerst schwierig. Bereits jetzt läßt sich ableiten, daß die im Jahre 1968 getroffene Aufteilung zu schematisch erfolgte. Es ergibt sich überschläglich, daß oberhalb der 7. Sohle bis zur letzten Anstaukontrolle (24. 6. 1971) etwa 5,8 Mill. m^3 zugeflossen sind und dabei rd. 1,9 Mill. m^3 natürlicher Hohlraum gefüllt wurden. Dieser Anteil beträgt allerdings nur 20% der 1968 fixierten Vermutungen und der vorgenommenen Sohlenaufteilungen.

Andererseits korrigieren die bisherigen Ergebnisse aber auch die Auffassungen von ALBRECHT (1971) sowie PLÖTTNER & FANTASNY (1971), die das Vorhandensein natürlicher Hohlräume glaubten gänzlich verneinen zu müssen.

Ein Vergleich der von PLÖTTNER & FANTASNY vorausberechneten Anstautermine mit den Kontrollergebnissen läßt bereits jetzt Abweichungen bis zu 19% erkennen. Auch die von ihnen zugrunde gelegte

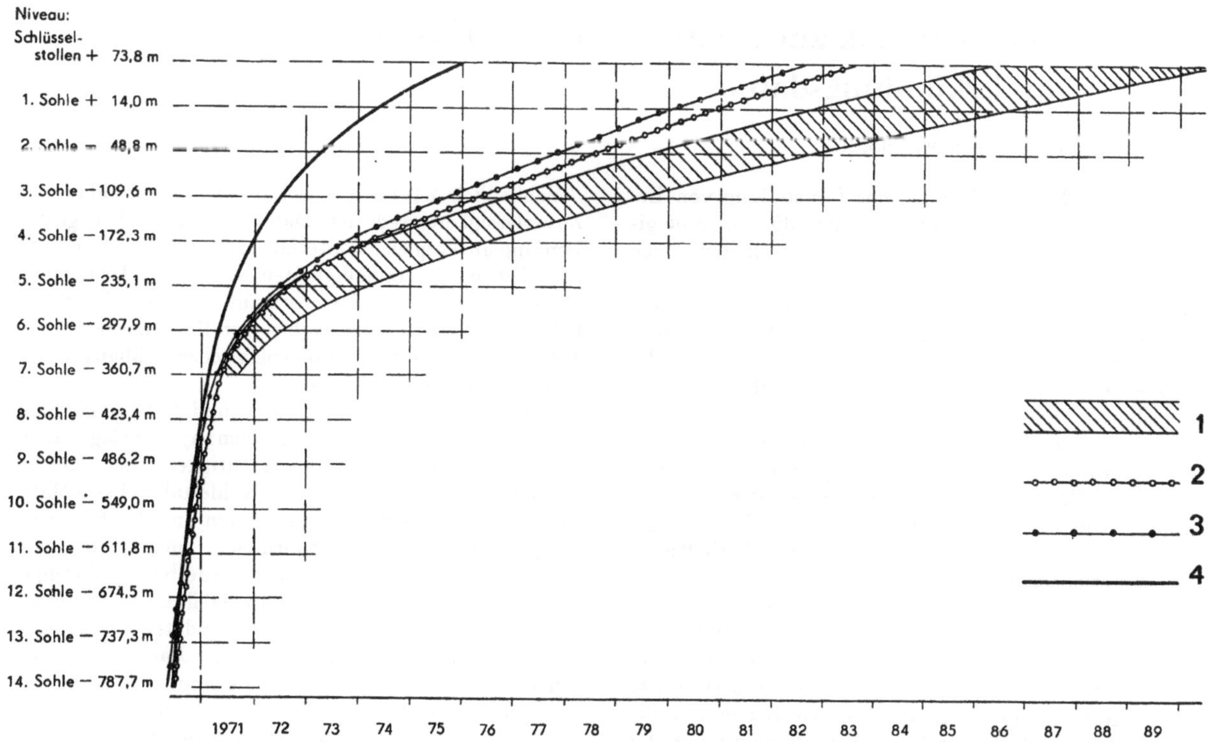

Abb. 2. Kurven des Anstauverlaufs in der Mansfelder Mulde, ergänzt nach AURADA 1970

1 – Toleranzbereich nach AURADA 1970; 2 – Anstauverlauf nach VEB Mansfeld-Kombinat, Berechnung 1967; 3 – Anstauverlauf nach VEB Mansfeld-Kombinat, Berechnung 1970; 4 – Anstauverlauf nach PLÖTTNER & FANTASNY (1971)

rückläufige Zulauftendenz (7. Sohle = 28 m^3/min) ist noch nicht erkennbar. Die geringen effektiven Schwankungen können durchaus noch den jahreszeitlich bedingten Niederschlägen zuzuschreiben sein.

Zusammenfassung

Für den seit 1. 7. 1970 in Gang gesetzten Flutungsprozeß in der Mansfelder Mulde, für den man kein vergleichbares Unternehmen kennt, werden die wissenschaftlichen Vorbereitungsarbeiten, die bisher erkannten Schwerpunktfragen und die Effektivitätswerte bis zum Stand Ende Juni 1971 gerafft dargestellt.

Резюме

Собираются и представляются научно-подготовительные работы, до сих пор выделенные важнейшие вопросы и эффективные значения в состоянии на конец июня 1971 г. для начатого 1. 7. 1970 г. процесса заводнения Мансфельдской мульды, подобные которому не известны.

Summary

Preparatory scientific work, priority objectives ascertained so far, and effective values determined by the end of June 1971 are described for the flooding process started since July 1st, 1970, in the syncline of Mansfeld, for which a comparable venture is unknown.

Literatur

ALBRECHT, W.: Studie Kavernenobjekt Bad Lauchstädt. – Unveröff., VEB Hydrogeologie, Nordhausen 1971.

AURADA, K.: Hydrogeologisches Hauptgutachten über den Verlauf des Anstiegprozesses in der Mansfelder Mulde, T. 1: Unbeeinflußter Verlauf des Anstiegprozesses. – Unveröff., Wasserwirtschaftsdirektion Saale–Weiße Elster, Halle 1970.

BLEI, W., & W. JUNG: Über die anomalen Zechsteinprofile im Bereich der Mansfelder Mulde. – Freiberger Forsch.-H., C 133, Berlin 1962.

– Über die anomalen Zechsteinprofile in der Mansfelder Mulde. – Eine Erwiderung. – Geologie, 14, 4, 435–442, Berlin 1965.

BRENDEL, K., D. FANTASNY & G. SUDERLAU: Der Einfluß der Senkungs- und Erdfallgebiete in der Mansfelder Mulde auf Baubestand und Bauplanung. – Exkursionsführer der Tagung der DGGW 12.–15. XI. 1970 in Halle, Berlin 1970.

JUNG, W.: Zum subsalinaren Schollenbau im südöstlichen Harzvorland. Mit einigen Gedanken zur Äquidistanz von Schwächezonen. – Geologie, 14, 3, 254–271, Berlin 1965.

– Bericht über Dienstreise zur Fachtagung über Anwendung von Markierungsstoffen zur Verfolgung unterirdischer Wässer vom 26. 3.–4. 4. 1966 in Graz. – Unveröff., VEB Mansfeld-Kombinat „W. Pieck", Eisleben 1966.

– Bericht über die Ergebnisse einer Dienstreise nach Irkutsk vom 2.–4. Juni 1969. – Unveröff., VEB Mansfeld-Kombinat „W. Pieck", Eisleben 1969.

JUNG, W., & K. LIEBISCH: Die Grubenhydrogeologie in der Mansfelder Mulde. – Z. angew. Geol., 12, 10, 511–521, Berlin 1966.

JUNG, W., & M. SPILKER: Bericht über die Ergebnisse einer Dienstreise in die VR Ungarn vom 20.–26. 10. 1968. – Unveröff., VEB Mansfeld-Kombinat „W. Pieck", Eisleben 1968.

– Über ein bemerkenswertes Tiefenkarstvorkommen. – Z. angew. Geol., 15, 12, 646–649, Berlin 1969.

– Bericht über die Ergebnisse einer Dienstreise in die UdSSR vom 16. bis 25. März 1970. – Unveröff., VEB Mansfeld-Kombinat „W. Pieck", Eisleben 1970.

LORENZ, S.: Wassereinbrüche im Mansfelder Kupferschieferbergbau. – Z. angew. Geol., 8, 310–316, Berlin 1962.

PLÖTTNER, K., & D. FANTASNY: Hydro- und ingenieurgeologisches Gutachten zur Soleversenkung im Raum Rollsdorf–Seeburg. – Unveröff., Bezirksstelle für Geologie, Halle 1971.

SPILKER, M., & H. SCHWARZKOPF: Beispiele für Subrosionserscheinungen im Zechsteinausstrich am südöstlichen Harzrand. – Exkursionsführer der Tagung der DGGW am 27. und 28. V. 1971 in Halle, Berlin 1971.

WEBER, H.: Zur Systematik der Auslaugung. – Z. dt. geol., Ges., 82, 179 bis 186, Berlin 1930.

Autorenkollektiv: Entwurf für ein geologisches Gutachten über die Grundlagen und möglichen Folgen des geplanten Wasseranstaus des VEB Mansfeld-Kombinat „Wilhelm Pieck" in den Grubenbauen der Mansfelder Mulde. – Unveröff., VEB Mansfeld-Kombinat „W. Pieck", Eisleben, 21. 10. 1966.

– Geologisches Gutachten über die Grundlagen und möglichen Folgen des geplanten Wasseranstaus des VEB Mansfeld-Kombinat „Wilhelm Pieck" in den Grubenbauen der Mansfelder Mulde. 1.–3. Entwurf. – Unveröff., Bezirksstelle für Geologie beim Rat des Bez. Halle, Halle, Januar bis Dezember 1967.

Zeitschrift für angewandte Geologie, Bd. 18 (1972), Heft 1

Eine Methodik zur Analyse der Zuverlässigkeit von Erkundungsdaten

K. W. MIRONOW, UdSSR

Unvermeidliche Fehler bei der Feststellung von Erkundungsdaten der Hauptparameter, die die geologischen und montangeologischen Besonderheiten einer Lagerstätte charakterisieren, machen eine vergleichende Analyse der Ergebnisse von Such- und Abbaudaten erforderlich. In einigen Fällen kann eine solche Gegenüberstellung den systematischen Fehler klären und die Größe der notwendigen Berichtigungskoeffizienten begründen. In anderen Fällen aber zeigt ein Vergleich lediglich den allgemeinen Zuverlässigkeitsgrad des Erkundungsmaterials und stellt für die quantitativen Parameter das Vorhandensein und die Größen der mittleren und maximalen Abweichungen von den Erkundungsdaten fest. Für die montangeologischen Verhältnisse bekräftigt er die Prognose der möglichen Komplikationen, die beim Abbau der untersuchten Abschnitte entstehen. Aber auch solche allgemeinen Vorstellungen haben großen Wert für die Projektierung und den Abbau. Eine Analyse der Ursachen von Fehlern bestimmter Daten gestattet die Übernahme von Korrekturen in die Erkundungsmethodik und die Vervollkommnung der methodischen und technischen Erkundungsverfahren.

Die Analyse der Zuverlässigkeit von Erkundungsdaten durch einen Vergleich mit dem beim Abbau gewonnenen Material soll konkreten und zielgerichteten Charakter tragen. Bei der Lösung der praktischen Fragen helfen schwerlich regionale Verallgemeinerungen, die in letzter Zeit speziell für Becken und kohleführende Bezirke ohne Berücksichtigung der Spezifik dieser konkreten Parameter erfolgten, auf die die Untersuchungen ausgerichtet waren. Die erste und ständige Bedingung für solche Untersuchungen muß die Möglichkeit zur Anwendung der Analogiemethode für die Übertragung von Daten abgebauter Felder auf die Felder sein, für die durch Verallgemeinerung und Analyse eine Präzisierung der Erkundungsdaten durchgeführt wird. Bei einer Verallgemeinerung der Kenntnisse über die Morphologie der Schichten können Schlußfolgerungen über den Zuverlässigkeitsgrad von Erkundungsdaten in der Regel nur auf solche Schichten oder (mit Einschränkung) Schichtkomplexe ausgedehnt werden, die in einer einheitlichen Fazieszone und in einem Gebiet der Kohleakkumulation liegen. Die Prognose der Tektonik muß durch Daten aus dieser tektonischen Zone, die Einschätzung der Kohlenqualität durch Daten für Schichten mit einheitlicher petrographischer Zusammensetzung und nahe beieinander liegenden Hauptkennziffern über die Qualität der Kohle präzisiert werden.

Man muß berücksichtigen, daß Fehler bei Erkundungsdaten vielfach von organisatorischen und technischen Ursachen abhängen: von der Bohrtechnologie, der geologischen Überwachung usw. Dadurch beschränkt sich das Anwendungsgebiet dieser Methodik auf das Gebiet einer bestimmten geologischen Erkundungsorganisation mit speziell entwickelten Erkundungsarbeiten.

Schließlich ist für die Schlußfolgerungen über den Zuverlässigkeitsgrad der Daten ein möglichst großer Umfang an Vergleichsmaterial erforderlich, wodurch die räumlichen Gesetzmäßigkeiten der Veränderung der Mächtigkeiten und des Aufbaus der abzubauenden Flöze, der Qualität der Kohle, der Besonderheiten der Tektonik und der montangeologischen Abbauverhältnisse geklärt werden können.

Der Vergleich der Erkundungs- und Abbauergebnisse muß in zweifacher Hinsicht erfolgen: a) eine Gegenüberstellung der Daten über die Mächtigkeit, den Bau der Kohleflöze und die Qualität der Kohle anhand von Material der geologischen Dokumentation und der Bemusterung, die in Erkundungsbohrungen und in damit verbundenen oder nahegelegenen Förderbauen durchgeführt wurde; b) eine Gegenüberstellung von hypsometrischen Plänen, nach Erkundungsdaten konstruiert, von geologischen Schnitten, von Parallelisierungsschemata, Plänen der Vorratsberechnung und anderen zusammenfassenden geologischen Angaben mit analogem Material, das nach den Abbaudaten korrigiert wurde.

Eine Verallgemeinerung und Gegenüberstellung des Erkundungs- und Abbaumaterials der ersten Art werden neben der Feststellung der Größen, der Zahl und des Charakters der Fehler in den Erkundungsdaten zur Klärung der Ursachen, die diese Fehler bedingt haben, und zur Ausarbeitung von Maßnahmen zur Erhöhung der Qualität der Erkundungsarbeiten beitragen. Die Arbeiten der zweiten Art helfen, die allgemeinen geologischen Gesetzmäßigkeiten der Kohleakkumulation einer Lagerstätte, den Charakter der syngenetischen und epigenetischen Einwirkungen, die die Kohleführung und die industrielle Einschätzung der Kohlevorräte beeinflussen, aufzudecken. Diese Kenntnisse können auf den nichtabgebauten Teil der Lagerstätte übertragen werden und auf analogen Lagerstätten als Grundlage für die Ausarbeitung einer rationellen Erkundungsmethodik, insbesondere zur Präzisierung der Lage der Erkundungsaufschlüsse und der Dichte des Erkundungsnetzes, dienen.

Vergleich der Daten über die Mächtigkeit und den Bau der Schichten nach abgebauten Querschnitten

Dabei muß man sorgfältig analysieren, ob die geologisch-markscheiderischen Daten repräsentativ sind; insbesondere muß die Vollständigkeit des Querschnitts einer Schicht mit Grubenbauen berücksichtigt werden. Es ist notwendig, die zulässigen Abstände zwischen den unverbundenen Vergleichspunkten, die durch den Grad des Aushaltens der Mächtigkeiten und des Baues der zu untersuchenden Schichten bestimmt werden müssen, deutlich festzulegen. Diese Abstände können für die ausgehaltenen Schichten, deren Mächtigkeit und Bau über große Abschnitte hin erhalten bleiben, größer gewählt werden. Für nichtaushaltende Schichten, deren Mächtigkeit und Bau sich innerhalb einer Abbauscheibe

Aus: „Geologija i raswedka", Nr. 9 (1970), S. 71–77.
Übers.: H. PATZE, Berlin.

schnell ändern, sind wahrscheinlich für eine Gegenüberstellung lediglich verbundene Punkte heranzuziehen.

Man muß die zulässige Grenze der Genauigkeit bei der Bestimmung der Parameter begründen und sie mit der absoluten Größe der Mächtigkeit der zu untersuchenden Schicht, mit deren Nähe zu den Normen der Konditionen und mit den allgemeinen Abbaubedingungen in Einklang bringen. Eine Einschätzung der Zuverlässigkeit der Erkundungsdaten nach der Menge „der vollen Übereinstimmungen" von Erkundungs- und Abbaudaten ist unzulässig, da dies nicht durch die natürlichen Lagerungsverhältnisse der Kohlen untermauert wird und keine praktische Bedeutung für die Förderung hat. Die Zuverlässigkeit der Erkundungsdaten muß in bezug auf eine beliebige, unter praktischen Gesichtspunkten begründete zulässige Grenze bestimmt werden. Als graphische Grundlage für einen Vergleich können die hypsometrischen Karten empfohlen werden, in die die Vergleichspunkte und die Säulenprofile mit den Daten über die Mächtigkeit und den Bau der Schichten anhand der geologischen Dokumentation und der geophysikalischen Messungen von Bohrungen und Grubenbauen sowie die Diagramme (Hypsogramme), die den Einfluß der verschiedenen Faktoren auf die Übereinstimmung der Erkundungs- und Abbauergebnisse wiedergeben, eingetragen sind.

Die Analyse der Vergleichsergebnisse soll in einer Klärung der Abhängigkeit von Übereinstimmungen und Differenzen zwischen den Daten der Förderung und der Erkundungsbohrungen unter Berücksichtigung folgender Ursachen bestehen: Kerngewinn; Mächtigkeit der Schichten; ihr Aufbau; Einfallswinkel; Festigkeit der Kohle (petrographische Zusammensetzung und Metamorphosegrad); Charakter der Nebengesteine und Zwischenschichten; Bohrtechnologie (Bohrfortschritt, Bohrintervalle in der Flözzone, Typ der Bohrwerkzeuge usw.). Ferner muß die Abhängigkeit von Übereinstimmungen und Differenzen zwischen den Abbaudaten und den Ergebnissen geophysikalischer Messungen unter Berücksichtigung folgender Ursachen geklärt werden: angewandter Untersuchungskomplex und seine Übereinstimmung mit den geoelektrischen Gesteinseigenschaften; Registrierungsmaßstab; Stichhaltigkeit der Interpretationsmethodik der Diagramme; Mächtigkeit und Bau der Schichten; Vorhandensein von Gesteinen, die den Kohlen analoge Merkmale besitzen. Die Untersuchungen beziehen sich auf das Hangende, das Liegende und die Schicht selbst.

Das Ergebnis solcher Untersuchungen muß sein: a) eine allgemeine Einschätzung des Zuverlässigkeitsgrads von Erkundungsdaten über Mächtigkeit und Aufbau der Schichten sowie über die Größe der mittleren und maximalen Abweichungen von den Messungen dieser Parameter in den bergbaulichen Aufschlüssen; b) die Ausarbeitung von Kriterien zur Einschätzung des repräsentativen Wertes von Bohrdaten anhand des Kerngewinns und der Ergebnisse der Bohrlochmessungen; eine vergleichende Einschätzung der Zuverlässigkeit der Bohrdaten und der Ergebnisse der Bohrlochgeophysik über die Mächtigkeit der Kohleflöze, ihre Lagerungsbedingungen (Einfallswinkel) sowie über den Charakter und die lithologische Zusammensetzung der Nebengesteine; c) die Ausarbeitung eines rationellen Komplexes von geophysikalischen Untersuchungen und Interpretationsmethoden der bohrlochgeophysikalischen Diagramme; d) die Ausarbeitung von Vorschlägen für organisatorische und technische Maßnahmen zur Erhöhung der Qualität von Bohr- und Meßarbeiten.

Gegenüberstellung der Daten über die Qualität der Kohlen

Sie muß ebenso wie im vorhergehenden Falle mit einer sorgfältigen Analyse des Materials beginnen, anhand dessen die Untersuchungen durchgeführt werden. Es ist notwendig, das Verfahren und die Methode der Probenahme genau festzulegen. Dabei ist zu berücksichtigen, daß in Grubenbauen Schichtquerschnitte lückenhaft sein können oder auch Teile aus dem Hangenden und Liegenden in eine Probe einbeziehen können. Bei Kernbohrungen können geringmächtige Zwischenlagen zerrieben, in anderen Fällen in die Probe eingegangen sein. Bei der Betrachtung der Bemusterungsergebnisse der mit der GBS-Methode genommenen Proben hat man lediglich solche Daten heranzuziehen, die den von der Staatlichen Vorratskommission ausgearbeiteten Bedingungen entsprechen. Die Daten von der Bemusterung einzelner Proben, die nach anderen Gesichtspunkten entnommen wurden, sind auszuschließen.

Die Auswahl der zulässigen Abstände zwischen den Vergleichspunkten muß das Aushalten der Mächtigkeit, den Aufbau der Schichten, ihre petrographische Zusammensetzung und die Grundparameter der Kohlequalität berücksichtigen. All dies kann man am Charakter der Kurven in den Diagrammen feststellen, die die Veränderlichkeit der verschiedenen Kennziffern in Abhängigkeit von der Menge der entsprechenden Bemusterungspunkte wiedergeben.

Es ist außerdem notwendig, die zulässigen Fehlergrenzen der Erkundungsdaten zu begründen. Dabei muß man berücksichtigen, daß der Asche- und Schwefelgehalt, der Austritt von flüchtigen Bestandteilen, die Schichtmeßindikatoren und die Bergfeuchte der Kohlen Kennziffern sind, die die technologische Eingruppierung der Kohlen und ihre unterschiedliche industrielle Nutzung bestimmen. Der Aschegehalt ist auch eine Kennziffer für den Bilanzwert der berechneten Vorräte. Daher müssen die zulässigen Fehlergrenzen bei Annäherung der entsprechenden Kennziffern an die Grenzwerte der Normen geringer und, falls diese Kennziffern bei den bestehenden Differenzen keine wesentliche Rolle für die Lösung der Fragen über die industrielle Bedeutung oder die Nutzung der erkundeten Kohlen spielen, höher angesetzt werden.

Die Konvergenz der Daten analoger Arten der Bemusterung ist unter dem Gesichtspunkt des Einflusses auf die Kennziffern über die Qualität der Kohle, die nach Kernproben bestimmt werden, des Kerngewinns, der Kompliziertheit des Schichtenaufbaus, der Bedingungen und Zeiten für Aufbewahrung und Transport der Proben zu analysieren. Auch die Abhängigkeit solcher Kennziffern wie W^r, V^g und Q^g vom Aschegehalt der Proben muß berücksichtigt werden.

Für die graphische Darstellung der Untersuchungen kann man Kartogramme von Linien gleichen Aschegehalts, gleichen Schwefelgehalts u. a. empfehlen, in die die Vergleichspunkte der Schichtstruktur und der Bemusterungsdaten, Diagramme und graphische Darstellungen über die Abhängigkeit der Kennziffern der

Kohlequalität von den die Zuverlässigkeit der Bemusterung beeinflussenden Faktoren eingetragen werden.

Als Ergebnis des Vergleichs und der Analyse kann man das Material zur Einschätzung des Zuverlässigkeitsgrads der Erkundungsdaten auf der zu untersuchenden Lagerstätte anhand der Hauptparameter der Kohlequalität erhalten und Prinzipien zur Einschätzung des Repräsentationsgrads von Proben nach dem Kerngewinn, den geophysikalischen Daten, dem Verfahren und der Aufbewahrungszeit der Proben u. ä. festlegen. Für relativ beständige Kennziffern (Schwefelgehalt in Kohlen mit wenig Schwefel, Abgang der flüchtigen Bestandteile aus wenig metamorphosierten Kohlen, Verbrennungswärme, elementare Zusammensetzung petrographisch gleichartiger Kohlen) wird ein rationelles Bemusterungsnetz aufgestellt, durch das eine unnötige Dichte vermieden wird.

Die Gegenüberstellung des zusammengefaßten geologischen Materials

Wie oben erwähnt, kann man mit der Gegenüberstellung der Erkundungs- und Abbauergebnisse nach einzelnen Querschnitten eine Vorstellung über die Fehlerhaftigkeit in den Daten gewisser technischer Erkundungsverfahren erhalten, ihre Zulässigkeit einschätzen und Maßnahmen zur Erhöhung des Zuverlässigkeits- und Effektivitätsgrads der Erkundungsarbeiten ausarbeiten. Im allgemeinen werden jedoch Qualität und Effektivität der Erkundungsarbeiten nicht durch Konvergenzen oder Differenzen der Kennziffern in einzelnen Punkten bestimmt, sondern durch Zusammenfallen oder Nichtübereinstimmen der gemittelten Daten über die Mächtigkeiten, den Bau der Schichten und die Qualität der Kohle, durch die Richtigkeit der Prognose über die Tektonik der Lagerstätte und der montantechnischen Abbaubedingungen in einem mehr oder weniger bedeutenden Gebiet. Bei einem solchen Vorgehen stehen die natürlichen zufälligen Fehler in der Bestimmung der genannten Parameter in direkter Abhängigkeit von der Anzahl der Beobachtungspunkte und werden durch die Vermindung der Abstände zwischen ihnen ausgeglichen. Dieses Prinzip wird der Vorratsberechnung und der geologisch-industriellen Einschätzung der erkundeten Felder zugrunde gelegt. Darum wird ein objektiver Vergleich der Erkundungs- und Abbaudaten auf der Grundlage von zusammengefaßtem geologischem Material (Plänen der bergmännischen Arbeiten, geologischen Schnitten, hypsometrischen Plänen, Kartogrammen, die die räumlichen Gesetzmäßigkeiten in der Verteilung der Hauptkennziffern der Kohlequalität und das Vorkommen montangeologischer Besonderheiten der Lagerstätte wiedergeben) für eine solide Basis bei der Analyse der Zuverlässigkeit von Erkundungsdaten und bei der Ausarbeitung von Vorschlägen für eine rationelle Erkundungsmethodik gehalten.

Mit der vergleichsweisen Gegenüberstellung sollen die nach den Erkundungsdaten konstruierten und im Förderungsprozeß erhaltenen Materialien über die Lage, den Charakter und die Amplituden der Bruchstörungen, über das Einfallen der Schichten und ihre Hypsometrie, über das Vorkommen einer plikativen und Bruchtektonik mit kleinen Amplituden erfaßt werden. Die Frage über den Einfluß der Tektonik auf den Abbau der Vorräte muß gesondert behandelt werden. Dazu zählen: die Abmessung der nichtbearbeiteten Abschnitte in den Zerrüttungszonen in der Nähe großer Störungen, das intensive Auftreten von Störungen mit kleinen Amplituden, Flexuren usw.

Wenn man berücksichtigt, daß die mittleren Größen der Hauptkennziffern für die Kohlequalität in den geologischen Berichten nach einem erkundeten Feld insgesamt berechnet werden, ist es für einen Vergleich der Erkundungs- und Förderdaten notwendig, eine Umrechnung nach den Ergebnissen der Bemusterung lediglich für solche Aufschlüsse vorzunehmen, die sich auf den zu vergleichenden abgebauten Feldern befinden. Die Kenntnisse über die Qualitätskennziffern der Lieferkohle und ihre tatsächliche Nutzung sind zu sammeln und zu verallgemeinern; die Richtigkeit der Einschätzung der Aufbereitbarkeit ist anhand eines Versuchs in dem entsprechenden Betrieb zu überprüfen; die Abmessungen und Gesetzmäßigkeiten in der räumlichen Verbreitung der wegen hohen Aschegehalts als Bilanzvorräte abgeschriebenen Abschnitte müssen geklärt werden; die Konturen der industriellen Bedeutung von Schichten, die nach den Isolinien des Aschegrenzgehalts oder nach anderen Kennziffern ihrer Qualität konstruiert wurden, sind zu vergleichen.

Einem Vergleich mit dem Faktenmaterial muß auch die Prognose der montangeologischen Verhältnisse bei einem Teil der Berechnung von Wasserzuflüssen beim Bau und bei der Förderung, der allgemeinen Einschätzung der natürlichen Gasführung, der Bestimmung der Oberfläche von Gaszonen, der Qualitätsparameter des Methangehalts und des Temperaturregimes der Gesteine unterzogen werden. Die Kennziffern der physikalisch-mechanischen Gesteinseigenschaften und der Prognose der Verbreitung des Pseudohangenden sind zu vergleichen; die Abmessungen und die räumliche Verteilung der Abschnitte, für die die Bilanzvorräte wegen der Kompliziertheit der montangeologischen Abbauverhältnisse abgeschrieben wurden, müssen festgelegt werden.

Wenn beim Vergleich der Quantität der im Erkundungsprozeß berechneten und gewonnenen Vorräte wesentliche Unterschiede auftreten, ist es erforderlich, die Ursachen eines solchen Mißverhältnisses im einzelnen zu untersuchen. Eine allseitige Betrachtung des zusammengefaßten geologischen Materials, die durch eine Analyse der die Differenz hervorrufenden geologischen oder organisatorisch-methodischen Ursachen unterstützt wird, kann die Grundlage für bestimmte Schlußfolgerungen und Empfehlungen zur Rationalisierung und Vervollkommnung der Erkundungsarbeiten bilden. Die Schlüsse aus dieser Verallgemeinerung und Analyse besitzen großen Wert als Material für eine noch besser gesicherte und begründete Prognose der geologischen Besonderheiten und der montangeologischen Abbaubedingungen auf den benachbarten Feldern der Lagerstätte.

Die Analyse der Fälle starken Abweichens der Erkundungsdaten von den Materialien

Die obendargelegten Vorschläge zur Verallgemeinerung und Analyse der Zuverlässigkeit von Erkundungsdaten können bei der Aufstellung von geologischen Teilberichten und Vorratsberechnungen einer beliebigen Lagerstätte (Abschnitts, Schachtfelds) angewendet werden, innerhalb deren Abbauarbeiten erfolgen. Das erhöht den

Grad der Zuverlässigkeit der geologisch-industriellen Einschätzung des gegebenen Objekts und beeinflußt, wenn notwendig, die Richtung, den Charakter und den Umfang der ergänzenden Untersuchungen bestimmter wenig geklärter Probleme.

Bei der Ausarbeitung regionaler Vorschläge zur Vervollkommnung der Methodik und zur Erhöhung der Effektivität von Erkundungsarbeiten in größeren kohleführenden Feldern muß die Auswahl der Untersuchungsobjekte das jeweils Typische erfassen. Die Erfüllung dieser Bedingung gestattet die Anwendung der Analogiemethode, d. h. die Ausdehnung festgestellter Teilbesonderheiten als allgemeine Gesetzmäßigkeiten auf einen Bezirk.

Die Möglichkeit einer solchen Analogie wurde durch langjährige Versuche der industriellen Nutzung von Kohlelagerstätten bestimmt. In einigen Becken jedoch traten Fälle von krasser Diskrepanz der auf Grund von Erkundungsdaten gebildeten Vorstellungen über den geologischen Bau einiger Schacht- und Tagebaufelder mit den beim Abbau erhaltenen Erkenntnissen auf. Der damit zusammenhängende erhebliche, zusätzliche Aufwand an Mitteln und Zeit für eine Umprojektierung, für Veränderungen der Erschließungsschemata, der festgesetzten Produktionskapazität und der Nutzungsdauer sowie manchmal die völlige Einstellung des Baues wie auch der Förderung machen eine sorgfältige Analyse der Ursachen von fehlerhaften geologisch-industriellen Einschätzungen unvermeidlich. Die Fehlerquelle ist im wesentlichen in einer Unterschätzung möglicher intensiver Störungen mit geringen Amplituden in Form von kleinen steilfallenden Verwerfungen und Überschiebungen zu suchen. In geringem Grade beruht sie auch auf nichtberücksichtigten Vertaubungen durch lokale Abspülungen oder tektonische Einwirkungen. Die Kompliziertheit einer genügend begründeten Prognose solcher Erscheinungen auf den erkundeten überdeckten Feldern besteht in der geringen Auflösungsfähigkeit der beim Bohren gewonnenen Fakten. Sogar bei sehr großer Dichte der Erkundungsbohrungen können kleine Abweichungen in der Höhenlage von Schichten zwischen benachbarten Aufschlüssen durch eine geringe Welligkeit, aber nicht durch Bruchtektonik erklärt werden. Das Ausfallen einer Schicht in einer beliebigen Bohrung hängt häufig mit der schlechten Qualität der Arbeiten oder mit genetischer Vertaubung, nicht aber mit kleinen lokalen Brüchen zusammen.

Grundlage zur Vermeidung oder zur Verminderung einer fehlerhaften Einschätzung von industriell bedeutenden Abschnitten muß eine sorgfältige Massenanalyse der vorhandenen Fakten über die starken Differenzen zwischen den ursprünglichen Vorstellungen über den geologischen Bau und den im Abbauprozeß gewonnenen sein. Eine solche Analyse muß vor allem auf der Klärung der strukturellen Position des bestimmten Abschnitts innerhalb des allgemeinen regionalen geotektonischen Plans, auf einer eingehenden Untersuchung der Morphologie und der räumlichen Lage wie auch der hauptsächlichen Falten- und Bruchtektonik, auf der Wechselbeziehung dieser Elemente und auf der Feststellung von Gesetzmäßigkeiten über Lage und Verlauf von Störungen mit geringer Amplitude beruhen.

Die vorläufige Analyse gewisser Abschnitte, die sich als intensiver gestört als nach den ursprünglichen Vorstellungen erwiesen haben, zeigt, daß sie in der Regel an Felder, die zwischen großen regionalen Bruchstörungen (Rodakow—Jurjew-Abschnitt) liegen, und an Abschnitte, die in der Nähe von großen Brüchen mit starken Zerrüttungszonen und zahlreichen Fiederbrüchen (Tschaikinskije—Glubokije) liegen, geknüpft sind. Des weiteren sind sie an Topzonen von Antiklinalverbiegungen mit Kofferfaltung (Swerewsko—Grjasnowskaja-Feld im östlichen Donbass, Tomaschewskij-Abschnitt) sowie an Kreuzungsbereiche verschiedener Faltungsrichtungen (Worgaschorskaja-Schacht Nr. 1) usw. gebunden.

Vollkommen klare Vorstellungen bestehen auch bei der Behandlung von fehlerhaften Schlußfolgerungen über das einwandfreie Aushalten des industriellen Werts von Kohleflözen in Feldern mit kleinen lokal ausgewaschenen Flözteilen (Schacht Duwannaja Jushnaja). Die Lagerung von Sandsteinen oder Kalksteinen im Kontakt der Kohle mit dem Hangenden weist ziemlich bestimmt auf die Möglichkeit einer völligen oder teilweisen Erosion des Flözes hin.

Eine sorgfältige Analyse aller für den Bezirk vorhandenen Untersuchungsergebnisse ergibt eine gute Grundlage für eine richtige Prognose über die komplizierte Tektonik der zu untersuchenden Objekte und läßt im Komplex mit den Ergebnissen der Erkundungsarbeiten die räumliche Lage der stark komplizierten montangeologischen Abschnitte, den Charakter der Komplikationen und den industriellen Wert der in diesen Abschnitten enthaltenen Kohlevorräte richtig vorausbestimmen.

Beiträge zur Auswertung gravimetrischer Messungen mit Hilfe der Frequenzanalyse

D. MILCOVEANU, Hunedoara, SR Rumänien

1. Einleitung

Nach Einführung der Frequenzanalyse in die angewandte Geophysik (SWARTZ 1954; DEAN 1958) wurde die erste im komplexen Raum verwirklichte mengenmäßige Interpretation von TROSCOW (1961) durchgeführt. Die neue Auswertungstechnik, in Gravimetrie und Magnetik, wurde fortlaufend entwickelt, und es erschienen einige Veröffentlichungen (SOLOWIEW & ROMANOW 1963; ODEGARD & BERG 1965; NEIDELL 1966, BHATTACHARYYA 1966; SHARMA & GELDART 1968).

Auf Grund der ermutigenden Ergebnisse wurde die Anwendung der Frequenzanalyse zur Auswertung der gravimetrischen und magnetischen Erkundungsergebnisse bei der Mehrheit der großen geophysikalischen Interpretations-, Universitäts- und Industriezentren der Welt verallgemeinert und bildet heute ein wirksames Arbeitsinstrument.

Um die Auswertung eines gravimetrischen Profils mit Hilfe der Frequenzanalyse durchzuführen, müssen Profile

Eingang des Manuskripts in der Redaktion: 25. 1. 1971.

hinsichtlich der gravimetrischen Größen vorhanden sein, für die die komplexen Spektren berechnet werden müssen.

Die direkt gemessenen oder auf Grund dieser Messungen berechneten gravimetrischen Größen, die in der Auswertung verwandt werden, sind: die Gravitation g, gemessen mit Hilfe des Schweremessers; der vertikale Gradient g_z, berechnet auf Grund der Gravitation mit Hilfe einer der bekannten Methoden; der horizontale Gradient g_x, sehr bequem und rasch mit Hilfe der Gradientometer (z. B. der Type GRBM—2) gemessen und berechnet, und schließlich die zweite Ableitung der Gravitation g_{zz}, auf Grund der Gravitation mit Hilfe einer der bekannten Methoden berechnet.

2. Die Funktion komplexes Spektrum

Die Funktion komplexes Spektrum oder kurz Spektrum $S(\omega)$, drückt die spektrale Dichte der komplexen Schwingungsweite aus. Diese Funktion enthält Informationen über die Ursache, die sie hervorgebracht hat.

Der graphoanalytische Formalismus für die Berechnung des komplexen Spektrums $S(\omega)$ bezüglich einer Messung $G(x)$ (Abb. 1), die eine gravimetrische Größe sein kann, ist bekannt und kurz zusammengefaßt folgender.

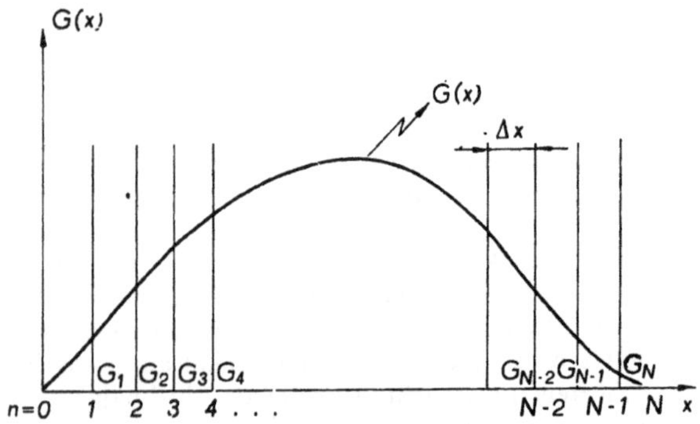

Abbildung 1.

Die allgemein angewandte Formel, die das komplexe Spektrum definiert, lautet:

$$S(\omega) = \sum_{r=0}^{N} G(r\Delta x) \exp(-i\omega r \Delta x)$$

oder:

$$S(\omega) = \sum_{r=0}^{N} G(r\Delta x) \cos(\omega r \Delta x) - i \sum_{r=0}^{N} G(r\Delta x) \sin(\omega r \Delta x)$$

oder wenn wir entsprechend notieren:

$$S(\omega) = \mathrm{Re}(\omega) + i\,\mathrm{Im}(\omega)$$

Das Intervall für die Ausführung der Messungen Δx, gemessen in km, ist in den obigen Ausdrücken gleich und beträgt je nachdem 0,1 km bis 2 km. N ist hingegen die auf Grund des Ausdrucks $L = N\Delta x$ bestimmte Anzahl der auszuführenden Messungen, wobei L die wiedergegebene Profillänge ist.

Auf Grund der Größen $\mathrm{Re}(\omega)$ und $\mathrm{Im}(\omega)$ können für die diskreten obenangeführten Werte der Winkelfrequenz die anderen bekannten spektralen Größen bestimmt werden:

Amplitudenspektrum: $A(\omega) = [\mathrm{Re}^2(\omega) + \mathrm{Im}^2(\omega)]^{1/2}$

Phasenspektrum: $\varphi(\omega) = \mathrm{arc\,tg}\,\dfrac{\mathrm{Im}(\omega)}{\mathrm{Re}(\omega)}$

Energiespektrum: $P(\omega) = \mathrm{Re}^2(\omega) + \mathrm{Im}^2(\omega)$

Alle diese Spektralgrößen können graphisch gemäß der Winkelfrequenz ω dargestellt werden.

Der Auswertungsprozeß zeigt uns, daß wir weiter auch den Ausdruck der Funktion komplexes Spektrum $S(\omega)$ hinsichtlich einer speziellen gravimetrischen Größe und auch bei einem speziellen Modell eines Störkörpers benötigen. Die direkte FOURIER-Transformation hilft uns, das komplexe Spektrum dann zu definieren, wenn man den mathematischen Ausdruck $H(x)$ des allgemeinen gravimetrischen Effekts des angenommenen Modells

$$S(\omega) = \int_{-\infty}^{+\infty} H(x) \exp(-i\omega x)\, dx$$

kennt.

Die Lösung dieses Integrals für verschiedene Funktionen $H(x)$ erhielt man allgemein mit Hilfe der Integraltransformationstabellen (BATEMAN & ERDELYI 1954; DITKIN & PRUDNIZOW 1961), die uns zu den komplexen Spektren der gravimetrischen Größen $g(x)$, $g_z(x)$, $g_x(x)$ und $g_{zz}(x)$ der behandelten Modelle führten.

In Anlage I sind die mathematischen Werte dieser gravimetrischen Größen gegeben.

Im Text sind für alle diese in Anlage I erwähnten gravimetrischen Größen die mathematischen Werte der relativen komplexen Spektren, ohne die Integralrechnung wiederzugeben, angeführt.

Einerseits sind die Werte der komplexen Spektren, die sich durch die Bearbeitung der Berechnungen der Messungen im Gelände ergeben haben, andererseits die mathematischen Werte der komplexen Spektren derselben gravimetrischen und relativen Größen für das Vergleichsmodell der geologischen Struktur gegeben; anhand dieser Daten beginnen wir die eigentliche Interpretation.

Bei unserem Studium verwenden wir nur das komplexe Spektrum $S(\omega)$, weil der mathematische Ausdruck handlicher ist, die anderen Spektralwerte geben eigentlich dieselbe Information, aber anders beschrieben.

Alle betrachteten Modelle sind zweidimensional, d. h., sie sind in Richtung der y-Achse unendlich ausgedehnt.

Für alle diese Modelle gilt: $D = 2f\Delta\varrho$, in dem f die Gravitationskonstante und $\Delta\varrho$ der Dichtekontrast sind.

Gleichfalls nehmen wir die fundamentale Winkelfrequenz ω_0 sowie das Standardintervall $\Delta\omega_0$ als bekannt an.

Für die Spektralwerte, die aus den Feldmessungen abgeleitet wurden, verwenden wir die Benennung $\mathrm{Re}(\omega)$ und $\mathrm{Im}(\omega)$ und für die theoretisch abgeleiteten Werte die Benennungen $\acute{\mathrm{Re}}(\omega)$ und $\acute{\mathrm{Im}}(\omega)$.

3. Das Stufenmodell

Wie bekannt ist, werden diese theoretischen Modelle mit Verwerfungen gleichgestellt.

Das Modell der senkrechten Stufe

In Abb. 2 ist das Modell der senkrechten Stufe dargestellt. Die geometrischen Parameter, die dieses Modell charakterisieren, sind h und H. Die mathematischen Ausdrücke der relativen Spektren bei dem Modell gerade Stufe sind evident Spezialfälle der geneigten Stufen. Diese Ausdrücke sind folgende:

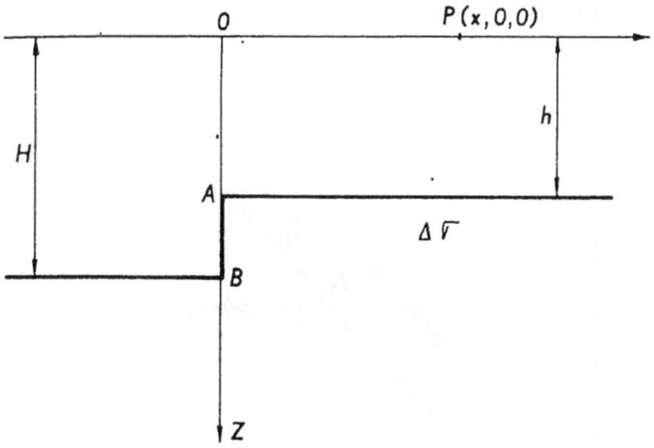

Abbildung 2.

a) für die Gravitation $g(x)$:

$$S_g(\omega) = i\,\frac{\pi D}{\omega}\left[\frac{1}{\omega}\,(e^{-H\omega} - e^{-h\omega}) - (H - h)\right] \quad (1)$$

b) für den vertikalen Gradienten $g_z(x)$:

$$S_{g_z}(\omega) = i\,\frac{\pi D}{\omega}\,(e^{-H\omega} - e^{-h\omega}) \quad (2)$$

c) für den horizontalen Gradienten $g_x(x)$:

$$S_{g_x}(\omega) = -\frac{\pi D}{\omega}\,(e^{-H\omega} - e^{-h\omega}) \quad (3)$$

d) für die zweite Ableitung $g_{zz}(x)$:

$$S_{g_{zz}}(\omega) = i\pi D\,(e^{-H\omega} - e^{-h\omega}) \quad (4)$$

Wir stellen fest, daß für die Gruppe der Gleichungen charakteristisch ist, daß sie reale und imaginäre Ausdrücke hat, so daß uns die Bearbeitung der Feldmessungen zu allgemeinen Resultaten führen muß, die in Tab. 1 wiedergegeben sind.

Wir haben folglich einen Test, mit dem wir anfangs die entsprechende Wahl des Modells überprüfen können.

Tab. 1. Die Auswertung auf Grund des relativen Spektrums bei $g_z(x)$

Werte S(ω) / Gravimetrische Größe	Re(ω)	Im(ω)
$g(x)$	0	≠0
$g_z(x)$	0	≠0
$g_x(x)$	≠0	0
$g_{zz}(x)$	0	≠0

In Abb. 3 ist der aus den Feldmessungen berechnete spektrale Teil $\mathrm{Im}(\omega)$ graphisch dargestellt, relativ zum Modell und zur gravimetrischen Größe $g_z(x)$.

Weiter bilden wir den Ausdruck:

$$\omega\,S_{g_z}(\omega) = i\omega\,\mathrm{Im}(\omega) = i\pi D\,(e^{-H\omega} - e^{-h\omega})$$

und bemerken, daß es sich um eine empirische Formel handelt (Anlage II); also können wir die verbesserten Veränderlichen schreiben:

$$Y = \frac{\omega_{K+2}\cdot S_{g_z}(\omega_{K+2})}{\omega_K\,S_{g_z}(\omega_K)} \quad \text{und} \quad X = \frac{\omega_{K+1}\cdot S_{g_z}(\omega_{K+1})}{\omega_K\cdot S_{g_z}(\omega_K)}$$

wobei:

$$\omega_K = K\Delta\omega_0; \qquad \omega_{K+1} = (K+1)\Delta\omega_0;$$
$$\omega_{K+2} = (K+2)\cdot\Delta\omega_0 \text{ ist,}$$

woraus die lineare Gleichung folgt:

$$Y = \alpha X - \beta \quad (5)$$

Auf Grund der Gleichungen (18) (Anlage II) bestehen folgende Beziehungen zwischen den Parametern dieses Ausdrucks:

$$\alpha e^{-H\Delta\omega_0} - \beta = e^{-2H\Delta\omega_0}$$

$$\alpha e^{-h\Delta\omega_0} - \beta = e^{-2h\Delta\omega_0}$$

bzw.

$$\alpha = e^{-H\Delta\omega_0} + e^{-h\Delta\omega_0}; \qquad \beta = e^{-H\Delta\omega_0}\cdot e^{-h\Delta\omega_0} \quad (6)$$

Anhand der Bearbeitung der Feldmessungen, die uns zur graphischen Darstellung in Abb. 3 führten, konstruieren wir das Diagramm in Abb. 4. Anschließend, anhand der verbesserten Gleichungen (Anlage II):

$$Y_K = \frac{\omega_{K+2}\cdot\mathrm{Im}(\omega_{K+2})}{\omega_K\cdot\mathrm{Im}(\omega_K)}; \quad X_K = \frac{\omega_{K+1}\cdot\mathrm{Im}(\omega_{K+1})}{\omega_K\cdot\mathrm{Im}(\omega_K)}$$

für $K = 0, 1, 2 \ldots$, angewandt beim Diagramm von Abb. 4, bilden wir die Gerade II' in Abb. 5.

Die Identifizierung der geologischen Struktur mit dem Modell senkrechte Stufe führt uns zur Ersetzung der Parameter α und β durch a_2 und b_2, die letzteren sind konkrete Größen, die sich aus der Bearbeitung der Feldmessungen nach Abb. 5 ergeben.

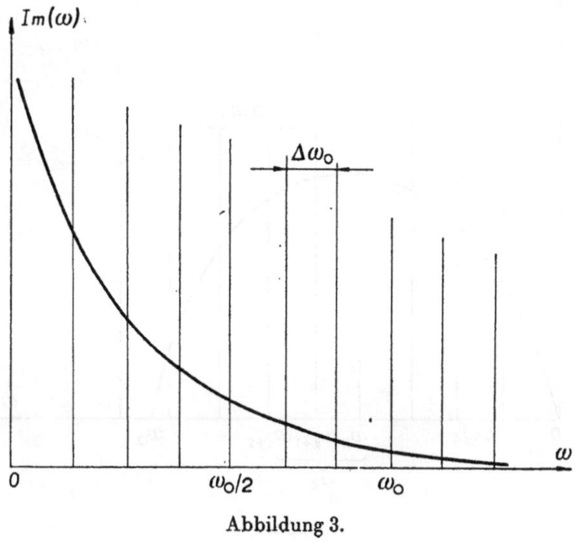

Abbildung 3.

Eine einfache Rechenmanipulation führt uns zu den Werten der beiden strukturcharakteristischen Parameter.

Die Auswertung auf Grund der relativen Spektren bei den gravimetrischen Größen $g_x(x)$ und $g_{zz}(x)$ wird ebenso vorgenommen, nur daß im letzteren Fall die Spektralfunktion $Sg_{zz}(\omega)$ bearbeitet wird.

In allen Fällen müssen wir vergleichbare Werte erhalten, und dann haben wir die Möglichkeit, die Mittelwerte der Parameter h und H zu definieren.

Die Auswertung auf Grund des relativen Spektrums bei $g(x)$

Um in diesem Fall die Eigenschaften der empirischen Formeln verwenden zu können, müssen wir folgenden Ausdruck annehmen:

$$\omega[\omega \operatorname{Im}(\omega) + \pi D(H - h)] = \pi D(e^{-H\omega} - e^{-h\omega})$$

Folglich kann man die Gravitation nicht für die Auswertung im komplexen Raum verwenden, sondern nur, wenn wir die Verschiebung $(H - h)$ kennen. In diesem Fall sind die Berechnungen identisch, nur daß anhand der Daten aus dem Gelände folgender Ausdruck bearbeitet wird:

$$\omega[\omega \operatorname{Im}(\omega) + \pi D(H - h)]$$

4. Das Modell des dreiseitigen Prismas

Wie man weiß, werden mit solchen theoretischen Modellen die Antiklinalen und Synklinalen dargestellt.

a) Das Modell des Prismas bei gleichschenkligem Dreiecksquerschnitt mit der Spitze nach oben (symmetrische Antiklinale)

In Abb. 6 ist dieses Modell dargestellt. Die geometrischen Parameter, die dieses Modell charakterisieren, sind: h, H, $2l$ und θ.

Die mathematischen Ausdrücke der relativen Spektren bei diesem Modell sind:

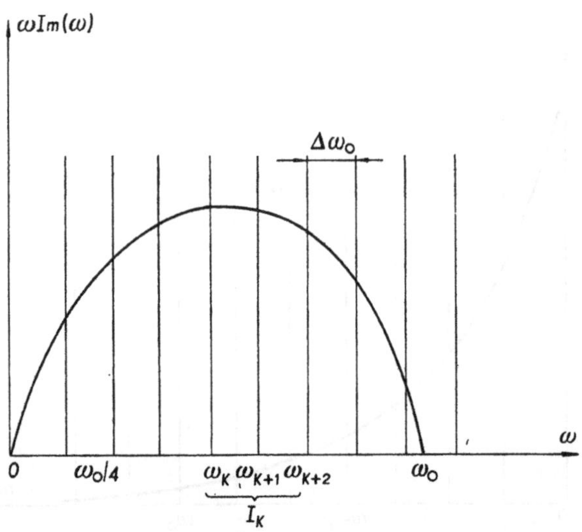

Abbildung 4.

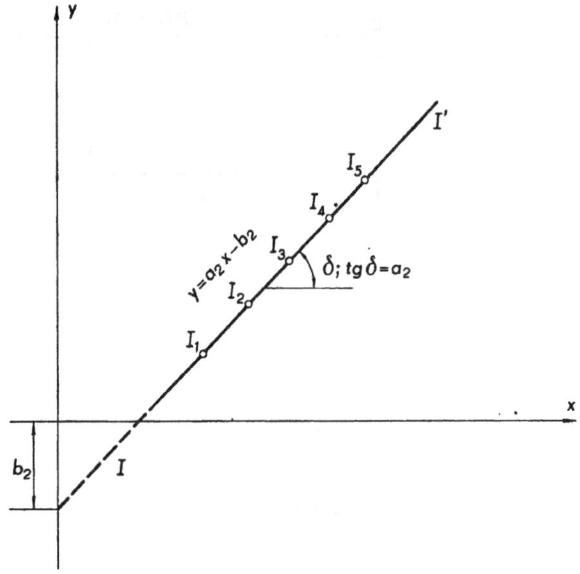

Abbildung 5.

a) für die Gravitation $g(x)$:

$$S_g(\omega) = \frac{2\pi D}{\omega}\left\{e^{-H\omega}\left[2l \sin\theta \cdot \sin(2\omega l + \theta) + H\cos\theta \cdot \sin(2\omega l + \theta) + \frac{1}{\omega}\sin\theta\cos(2\omega l + \theta) + n\sin\theta\sin(2\omega l + \theta)\right] - e^{-h\omega}\left[h\sin\theta\cdot\cos\theta + \frac{1}{\omega}\sin\theta\cos\theta + n\sin^2\theta\right]\right\} \quad (7)$$

b) für den vertikalen Gradienten $g_z(x)$:

$$Sg_z(\omega) = \frac{2\pi D}{\omega}\sin\theta\,[e^{-H\omega}\cos(2\omega l + \theta) - e^{-h\omega}\cos\theta] \quad (8)$$

c) für den horizontalen Gradienten $g_x(x)$:

$$Sg_x(\omega) = i\,\frac{2\pi D}{\omega}\sin\theta\,[e^{-H\omega}\cos(2\omega l + \theta) - e^{-h\omega}\cos\theta] \quad (9)$$

d) für die zweite Ableitung $g_{zz}(x)$:

$$Sg_{zz}(\omega) = 2\pi D\sin\theta\,[e^{-H\omega}\cos(2\omega l + \theta) - e^{-h\omega}\cos\theta] \quad (10)$$

Wie vorher bemerken wir, daß einige Ausdrücke reell und andere imaginär sind, so daß uns die Bearbeitung der Feldmessungen zu allgemeinen Resultaten führen muß, die in Tab. 2 wiedergegeben sind. Wir verfügen folglich auch in diesem Fall über einen Test, mit dem wir die entsprechende Wahl des Modells überprüfen können.

Wir bilden den Ausdruck:

$$\omega Sg_z(\omega) = \omega \operatorname{Re}(\omega) = 2\pi D\sin\theta\,[e^{-H\omega}\cos(2\omega l + \theta) - e^{-h\omega}\cos\theta]$$

Tab. 2. Die Auswertung auf Grund des relativen Spektrums bei $g_z(x)$

Gravimetrische Größe \ Werte S(ω)	Re(ω)	Im(ω)
$g(x)$	±0	0
$g_z(x)$	±0	0
$g_x(x)$	0	±0
$g_{zz}(x)$	±0	0

und bemerken, daß es eine empirische Formel ist (Anlage II), die anhand der verbesserten Veränderlichen X und Y auf eine lineare Form gebracht werden kann:

$$Y = \alpha X - \beta \tag{11}$$

Auf Grund der Gleichungen (19) (Anlage II) bestehen folgende Gleichungen zwischen den Parametern dieses Ausdrucks:

$$e^{-2H\Delta\omega_0} \cos(4\Delta\omega_0 l + \theta) = \alpha e^{-H\Delta\omega_0} \cos(2\Delta\omega_0 \cdot l + \theta) - \beta \cos\theta$$

$$e^{-2H\Delta\omega_0} \sin(4\Delta\omega_0 \cdot l + \theta) = \alpha e^{-H\Delta\omega_0} \sin(2\Delta\omega_0 \cdot l + \theta) - \beta \sin\theta$$

$$e^{-2h\Delta\omega_0} = \alpha e^{-h\Delta\omega_0} - \beta$$

denen wir die evidente Gleichung:

$$2l = \frac{h - H}{\operatorname{tg}\theta}$$

beifügen.

Die Berechnung wird genau wie in den vorherigen Fällen durchgeführt. Die Bearbeitung der Feldmessungen führt uns zur Darstellung $\mathrm{Re}(\omega)$, wir konstruieren die Kurve $\omega \cdot Sg_z(\omega)$ und dann die Gerade RR', die uns die numerischen Werte der Koeffizienten a_1 und b_1 liefert, die wir in die drei obigen Gleichungen statt der Parameter α und β einsetzen; die numerische Berechnung der vier obigen Gleichungen führt uns zu den Werten der vier Parameter: h, H, $2l$ und θ.

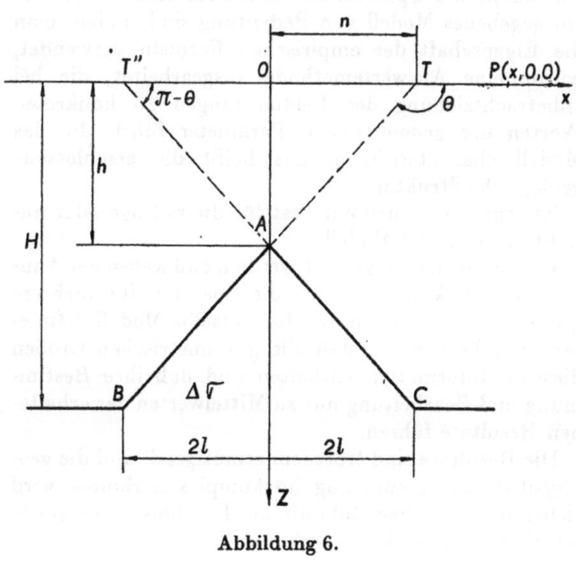

Abbildung 6.

Wir unterstreichen die bemerkenswerte Gleichung:

$$e^{-2h\Delta\omega_0} - a_1 e^{-h\Delta\omega_0} + b_1 = 0\,. \tag{12}$$

mit der wir sofort die Toptiefe der Antiklinale erhalten.

Die Auswertung auf Grund der relativen Spektren bei den gravimetrischen Größen $g_x(x)$ und $g_{zz}(x)$ macht man ebenso, nur daß im letzteren Fall die Spektralfunktion $S_{g_{zz}}(\omega)$ bearbeitet wird.

In allen Fällen müssen wir vergleichbare Werte erhalten, um die Möglichkeit zu haben, die Mittelwerte der Parameter: h, H, $2\,l$ und θ zu erhalten.

Da der mathematische Ausdruck des relativen Spektrums $S_g(\omega)$ für die Gravitation zu kompliziert ist, kann er vorläufig nicht bei der Auswertungsmethode verwendet werden.

b) Das Modell des Prismas bei gleichschenkligem Dreiecksquerschnitt, mit der Spitze nach unten (symmetrische Synklinale)

In Abb. 7 ist dieses Modell dargestellt. Seine charakteristischen Parameter sind: h, H, θ und $2l$. Für die spektralen Ausrücke sind die gleichen Ausdrücke gültig wie im vorherigen Fall mit folgenden Änderungen:

$$h \to H;\quad n \to -n;\quad 2l \to -2l \text{ und } \Delta\sigma \to -\Delta\sigma$$

Die Berechnungen zur Auswertung auf Grund der Spektren werden ebenso gemacht wie im vorherigen Fall.

5. Das Modell vertikaler halbunendlicher Spalt

Es gibt viele geologische Strukturen, die diesem Modell gleichzusetzen sind.

In Abb. 8 ist das Modell vertikaler halbunendlicher Spalt dargestellt. Die geometrischen Parameter, die dieses Modell charakterisieren, sind: h und $2l$.

Die mathematischen Ausdrücke der relativen Spektren bei diesem Modell sind:

a) für die Gravitation $g(x)$:

$$Sg(\omega) = \frac{2\pi D}{\omega^2} \cdot e^{-h\omega} \cdot \sin\omega l \tag{13}$$

b) für den vertikalen Gradienten $g_z(x)$:

$$Sg_z(\omega) = \frac{2\pi D}{\omega} \cdot e^{-h\omega} \cdot \sin\omega l \tag{14}$$

c) für den horizontalen Gradienten $g_x(x)$:

$$Sg_x(\omega) = -i\,\frac{2\pi D}{\omega}\, e^{-h\omega} \sin\omega l \tag{15}$$

d) für die zweite Ableitung $g_{zz}(x)$:

$$Sg_{zz}(\omega) = 2\pi D\, e^{-h\omega} \sin \omega l \qquad (16)$$

Die Bearbeitung der Feldmessungen muß uns zu allgemeinen, in Tab. 2 gegebenen Resultaten führen, wenn die Struktur wirklich ein vertikaler halbunendlicher Spalt ist. Wir besitzen folglich auch in diesem Fall einen Test für die Wahl des Modells.

Die Auswertung auf Grund des relativen Spektrums bei $g(x)$

Wir bilden den Ausdruck:

$$\omega^2 Sg(\omega) = \omega^2 \,\mathrm{Re}'(\omega) = 2\pi D\, e^{-h\omega} \sin \omega l$$

und bemerken, daß es eine empirische Formel ist (Anlage II), folglich können wir die verbesserten Veränderlichen schreiben:

$$Y = \frac{\omega_{K+2}^2\, Sg_z(\omega_{K+2})}{\omega_K{}^2\, Sg_z(\omega_K)}\,; \qquad X = \frac{\omega_{K+1}^2\, Sg_z(\omega_{K+1})}{\omega_K{}^2 \cdot Sg_z(\omega_K)}$$

woraus der lineare Ausdruck

$$Y = \alpha X - \beta \qquad (17)$$

folgt.

Auf Grund der Gleichungen (20) (Anlage II) ergeben sich zwischen den Parametern dieses Ausdrucks folgende Gleichungen:

$$e^{-2h\Delta\omega_0} \cos 2\Delta\,\omega_0 \cdot l = \alpha\, e^{-h\Delta\omega_0} \cos \Delta\,\omega_0 \cdot l - \beta$$

$$e^{-2h\Delta\omega_0} \sin 2\Delta\,\omega_0 \cdot l = \alpha\, e^{-h\Delta\omega_0} \sin \Delta\,\omega_0 \cdot l$$

Die Berechnungen gehen identisch weiter: Die Terrainmessungen führen uns zur Darstellung $\mathrm{Re}(\omega)$; wir konstruieren die Kurve $\omega^2\,\mathrm{Re}(\omega)$ und dann die Gerade RR', die uns die numerischen Werte der Koeffizienten a_1 und b_1 gibt, die wir in die obigen Gleichungen anstelle der Koeffizienten α und β einsetzen; die numerische Lösung dieses Gleichungssystems führt uns zu den Werten der beiden charakteristischen geometrischen Parameter: h und $2l$.

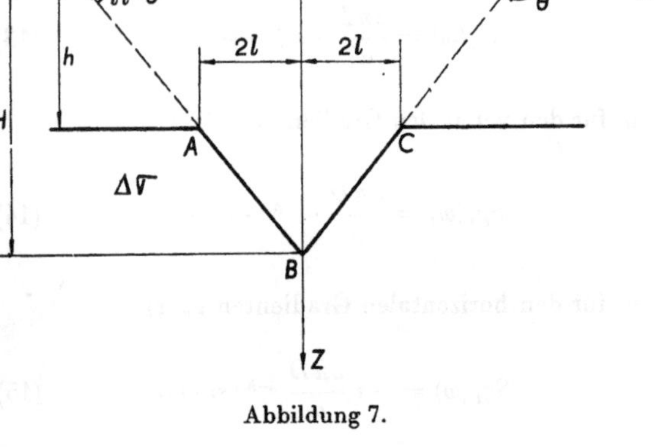

Abbildung 7.

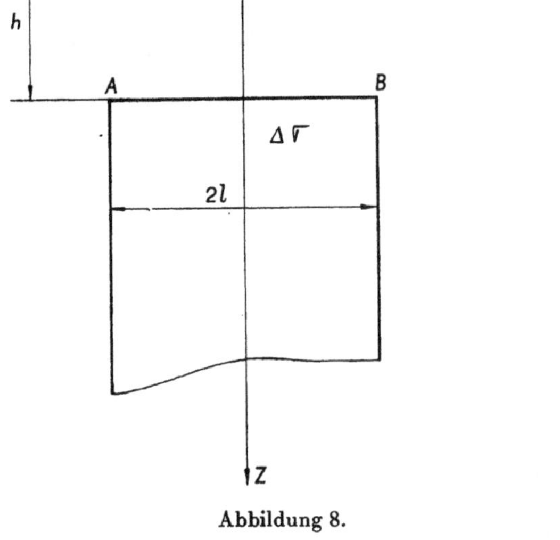

Abbildung 8.

Die Auswertung auf Grund der relativen Spektren bei den gravimetrischen Größen $g_z(x)$, $g_x(x)$, und $g_{zz}(x)$ macht man ebenso, nur daß im letzteren Fall die Spektralfunktion $S_{g_{zz}}(\omega)$ bearbeitet wird.

Alle diese Berechnungen müssen zu vergleichbaren Werten führen, so daß wir die Möglichkeit haben, die Mittelwerte der Parameter h und $2l$ zu definieren.

6. Schlußfolgerungen

Dem Leser werden die Ausdrücke der Funktionen des reellen Raumes sowie die Spektralfunktionen des komplexen Raumes, die sich auf die gravimetrischen Größen $g(x)$, $g_z(x)$, $g_x(x)$ und $g_{zz}(x)$ und die zweidimensionalen Modelle geneigte und senkrechte Stufe (Verwerfung), das dreiseitige Prisma (Antiklinale und Synklinale) und den vertikalen halbunendlichen Spalt beziehen, zur Verfügung gestellt.

Man kann feststellen, daß im komplexen Raume die Ausdrücke der Spektralfunktionen für eine Größe und ein gegebenes Modell von Bedeutung sind; indem man die Eigenschaft der empirischen Formeln verwendet, wurde eine Auswertemethode ausgearbeitet, die bei Inbetrachtziehung der Feldmessungen zu konkreten Werten der geometrischen Parameter führt, die das Modell charakterisieren, das heißt die erschlossene geologische Struktur.

Es ergab sich auch ein Test für die richtige oder unrichtige Wahl des Modells.

Es muß trotzdem gezeigt werden, daß wegen der Ähnlichkeit der Ausdrücke, die die Spektren für mehrere gravimetrische Größen und für dasselbe Modell definieren, klar hervorgeht, daß alle gravimetrischen Größen dieselbe Information enthalten und daß ihre Bestimmung und Bearbeitung nur zu Mittelwerten der erhaltenen Resultate führen.

Die Resultate sind trotzdem ermutigend, und die geophysikalische Auswertung im komplexen Raume wird sicher in der nahen Zukunft die Ergebnisse der gravimetrischen Prospektion verbessern.

Anlage I. Die mathematischen Ausdrücke der gravimetrischen Größen: $g(x)$; $g_z(x)$; $g_x(x)$ und $g_{zz}(x)$

Das Modell der geneigten Stufe (normal):

$$g(x) = D\left\{(x-n)\sin\theta\left[\frac{1}{2}\sin\theta\ln\frac{(x+l)^2+H^2}{(x-l)^2+h^2} - \cos\theta\right.\right.$$

$$\left.\times\left(\text{arc tg}\,\frac{x+l}{H} - \text{arc tg}\,\frac{x-l}{h}\right)\right] + H\,\text{arc tg}\,\frac{x+l}{H}$$

$$\left. - h\,\text{arc tg}\,\frac{x-l}{h} + \frac{\pi}{2}(H-h)\right\}$$

$$g_z(x) = -D\sin\theta\left[\frac{1}{2}\cos\theta\ln\frac{(x+l)^2+H^2}{(x-l)^2+h^2} + \sin\theta\right.$$

$$\left.\times\left(\text{arc tg}\,\frac{x+l}{H} - \text{arc tg}\,\frac{x-l}{h}\right)\right]$$

$$g_x(x) = D\sin\theta\left[\frac{1}{2}\sin\theta\ln\frac{(x+l)^2+H^2}{(x-l)^2+h^2} - \cos\theta\right.$$

$$\left.\times\left(\text{arc tg}\,\frac{x+l}{H} - \text{arc tg}\,\frac{x-l}{h}\right)\right]$$

$$g_y(x) = 0$$

$$g_{zz}(x) = D\sin\theta\left\{\cos\theta\left[\frac{H}{(x+l)^2+H^2} - \frac{h}{(x-l)^2+h^2}\right]\right.$$

$$\left. - \sin\theta\left[\frac{x+l}{(x+l)^2+H^2} - \frac{x-l}{(x-l)^2+h^2}\right]\right\}$$

Das Modell der geneigten Stufe (invers.): Dieselben mathematischen Ausdrücke, in denen wir

$l \rightleftharpoons -l$ tauschen.

Das Modell der senkrechten Stufe (Abb. 2): Dieselben mathematischen Ausdrücke, in denen wir $l = 0$ und $\theta = \frac{\pi}{2}$ einsetzen.

Das Modell des Prismas bei gleichschenkligem Dreiecksquerschnitt mit der Spitze nach oben (symmetrische Antiklinale) (Abb. 6):

$$g(x) = D\left\{\frac{1}{2}x\sin^2\theta\ln\frac{(x+2l)^2+H^2}{(x-2l)^2+H^2} + n\sin^2\theta\ln(x^2+h^2)\right.$$

$$-\frac{1}{2}n\sin^2\theta\ln\left[(x+2l)^2+H^2\right]\left[(x-2l)^2+H^2\right]$$

$$-x\sin\theta\cos\theta\left(\text{arc tg}\,\frac{x+2l}{H} - \text{arc tg}\,\frac{x-2l}{H}\right)$$

$$+2x\sin\theta\cos\theta\,\text{arc tg}\,\frac{x}{h} + (H + n\sin\theta\cos\theta)$$

$$\left.\times\left(\text{arc tg}\,\frac{x+2l}{H} - \text{arc tg}\,\frac{x-2l}{H}\right)\right\}$$

$$g_z(x) = -D\left\{\frac{1}{2}\sin\theta\cos\theta\ln\left[(x+2l)^2+H^2\right]\left[(x-2l)^2+H^2\right]\right.$$

$$-\sin\theta\cos\theta\ln(x^2+h^2) + \sin^2\theta$$

$$\left.\times\left(\text{arc tg}\,\frac{x+2l}{H} - \text{arc tg}\,\frac{x-2l}{H}\right)\right\}$$

$$g_x(x) = D\left\{\frac{1}{2}\sin^2\theta\ln\frac{(x+2l)^2+H^2}{(x-2l)^2+H^2} + 2\sin\theta\cos\theta\,\text{arc tg}\,\frac{x}{h}\right.$$

$$\left.-\sin\theta\cos\theta\left(\text{arc tg}\,\frac{x+2l}{H} - \text{arc tg}\,\frac{x-2l}{H}\right)\right\}$$

$$g_y(x) = 0$$

$$g_{zz}(x) = D\left\{\sin\theta\cos\theta\,\frac{H}{(x+2l)^2+H^2} - \frac{H}{(x-2l)^2+H^2}\right.$$

$$-\sin^2\theta\left[\frac{x+2l}{(x+2l)^2+H^2} - \frac{x-2l}{(x-2l)^2+H^2}\right]$$

$$\left.-2\sin\theta\cos\theta\,\frac{h}{x^2+h^2}\right\}$$

Das Modell des Prismas bei gleichschenkligem Dreiecksquerschnitt mit der Spitze nach unten (symmetrische Synklinale) (Abb. 7). Dieselben mathematischen Ausdrücke, in denen wir tauschen:

$$h \rightleftharpoons H;\quad n \rightleftharpoons -n;\quad 2l \rightleftharpoons -2l;\quad \Delta\sigma \rightleftharpoons -\Delta\sigma$$

Das Modell des halbunendlichen senkrechten Spalts (Abb. 8):

$$g(x) = D\left\{-\frac{1}{2}(x+l)\ln\left[(x+l)^2+h^2\right] + \frac{1}{2}(x-l)\right.$$

$$\left.\times\left[(x-l)^2+h^2\right] - h\,\text{arc tg}\,\frac{x+l}{h} + h\,\text{arc tg}\,\frac{x-l}{h}\right\}$$

$$g_z(x) = D\left[\text{arc tg}\,\frac{x+l}{h} - \text{arc tg}\,\frac{x-l}{h}\right]$$

$$g_x(x) = \frac{D}{2}\left\{-\ln\left[(x+l)^2+h^2\right] + \ln\left[(x-l)^2+h^2\right]\right\}$$

$$g_y(x) = 0$$

$$g_{zz}(x) = D\left[\frac{x+l}{(x+l)^2+h^2} - \frac{x-l}{(x-l)^2+h^2}\right]$$

Anlage II. Empirische Funktionen und verbesserte Veränderliche

Für unsere Betrachtungen benötigten wir einige Begriffe über die sogenannten empirischen Funktionen (WENGER 1943), die in der mathematischen Literatur angegeben sind (BRONSTEIN & SEMENDJAJEW 1959).

Wenn die Funktion $y = f(x)$ gegeben ist und diese empirisch ist, kann man ein paar Veränderliche bestimmen, genannt verbesserte $X = \varphi(x, Y)$ und $Y = \psi(X, Y)$, die unter sich, nach der aufgestellten Hypothese, durch eine lineare Gleichung

$$Y = \alpha X - \beta$$

verbunden sind. Hierbei sind X reell und Y im allgemeinen komplex.

Wenn gemäß der betrachteten Funktion die Veränderliche x eine arithmetische Reihe mit der bekannten Differenz Δx bildet, das heißt:

$$x_1 = x_1;\; x_2 = x_1 + \Delta x \quad\text{und}\quad x_3 x_1 + 2\Delta x$$

und wenn y_1, y_2 und y_3 die betreffenden Werte der Funktion y sind, dann sind die verbesserten Veränderlichen X und Y durch folgende Ausdrücke definiert:

$$Y = \frac{y_3}{y_1} \quad\text{und}\quad X = \frac{y_2}{y_1}$$

Die lineare Gleichung nimmt dann folgende Form an:

$$\frac{y_3}{y_1} = \alpha \frac{y_2}{y_1} - \beta \quad \text{oder:} \quad y_3 = \alpha y_2 - \beta y_1$$

Wenn wir in der von uns aufgestellten Hypothese die Werte der Parameter α und β kennen, dann wird die Bestimmung der konstanten Koeffizienten aus dem obigen linearen Ausdruck zu den konkreten Werten der Parameter führen, die in der Anfangsfunktion $y = f(x)$ enthalten sind.

Es gibt auch andere Ausdrücke, welche die verbesserten Veränderlichen definieren, die von der betrachteten empirischen Funktion abhängen.

Nicht alle Funktionen sind empirisch.

Wir führen ein paar Beispiele mathematischer Bearbeitung empirischer Funktionen an, denen wir bei unseren Betrachtungen begegnen:

Beispiel I. Die empirische Funktion ist von der Form:

$$y = a e^{bx} - c e^{dx}$$

Für drei Werte: $x_1 = x_1, x_2 = x_1 + \Delta x;\ x_3 = x_1 + 2\Delta x$ bilden wir die Ausdrücke y_1, y_2 und y_3 der empirischen Funktion. Mit der entsprechenden Substitution erhalten wir:

$$a e^{bx_1} e^{2b\Delta x} - c e^{dx_1} e^{2d\Delta x} = \alpha \left(a e^{bx_1} e^{b\Delta x} - c e^{dx_1} e^{d\Delta x}\right) - \beta \left(a e^{bx_1} - c e^{dx}\right)$$

Die Identifizierung der konstanten Koeffizienten aus dieser Gleichung führt uns zu den Ausdrücken:

$$\left.\begin{aligned} e^{2b\Delta x} &= \alpha e^{b\Delta x} - \beta \\ e^{2d\Delta x} &= \alpha e^{d\Delta x} - \beta \end{aligned}\right\} \qquad (18)$$

Beispiel II. Die empirische Funktion ist von der Form:

$$y = a e^{bx} \cos (Ax + B) - c e^{dx} \cos \theta$$

Für drei Werte: $x_1 = x_1;\ x_2 = x_1 + \Delta x;\ x_3 = x_1 + 2\Delta x$ bilden wir wie vorher die Ausdrücke y_1, y_2 und y_3. Die Identifizierung der konstanten Koeffizienten führt uns zu den Ausdrücken:

$$\left.\begin{aligned} e^{2b\Delta x} \cos (2A\Delta x + B) &= a e^{b\Delta x} \cos (A\Delta x + B) - \beta \cos \theta \\ e^{2b\Delta x} \sin (2A\Delta x + B) &= a e^{b\Delta x} \sin (A\Delta x + B) - \beta \sin \theta \\ e^{2d\Delta x} &= c e^{d\Delta x} - \beta \end{aligned}\right\} \qquad (19)$$

Beispiel III. Die empirische Funktion ist von der Form:

$$y = a e^{bx} \sin Ax$$

Für drei Werte: $x_1 = x_1;\ x_2 = x_1 + \Delta x;\ x_3 = x_1 + 2\Delta x$ bilden wir die Ausdrücke y_1 y_2 und y_3 der empirischen Funktion. Die Identifizierung der konstanten Koeffizienten führt uns zu den Ausdrücken:

$$\left.\begin{aligned} e^{2b\Delta x} \cos 2A\Delta x &= a e^{b\Delta x} \cos A\Delta x - \beta \\ e^{2b\Delta x} \sin 2A\Delta x &= a e^{b\Delta x} \sin A\Delta x \end{aligned}\right\} \qquad (20)$$

Zusammenfassung

Die Auswertung gravimetrischer Messungen bei Anwendung der Frequenzanalyse bildet eine wirksame Arbeitsmethode und wird mehr und mehr bei den großen geophysikalichen Interpretationszentren angewandt. In diesem Sinne wurden mit Hilfe der direkten FOURIER-Transformation die auf die gravimetrischen Größen g, g_z, g_x und g_{zz} bezüglichen komplexen Spektren $S(\omega)$ für folgende zweidimensionalen Modelle berechnet: die geneigte und die senkrechte Stufe (Verwerfung), das dreiseitige Prisma (Antiklinale und Synklinale) und der halbunendliche senkrechte Spalt.

Nach einer zusammenfassenden Darlegung der Berechnungsmethode der komplexen Spektren aus den Feldmessungen der gravimetrischen Größen wird eine Auswertemethode im komplexen Raum erläutert, auf Grund deren alle geometrischen Parameter bestimmt werden können, die das Modell der gravimetrisch erkundeten geologischen Struktur charakterisieren.

Es werden auch einige Teste zur Überprüfung der Auswahl des Modells hinsichtlich der gravimetrisch erkundeten geologischen Struktur angeführt.

Резюме

Интерпретация гравиметрических измерений посредством частотного анализа представляет собой эффективный метод и находит всё большее применение в крупных геофизических центрах интерпретации. В этом смысле с помощью прямого преобразования ФУРЬЕ были получены относящиеся к гравиметрическим величинам g, g_z, g_x и g_{zz} комплексные спектры $S(\omega)$ для следующей двухдимензиональной модели: наклонная и вертикальная ступень (сброс), трёхгранная призма (антиклиналь и синклиналь) и полубесконечная трещина.

По обобщённому изложению метода вычисления комплексных спектров по полевым измерениям гравиметрических величин, описывается метод интерпретации в комплексном объёме, на основании которого могут определяться все геометрические параметры, характеризующие модель гравиметрически исследованной геологической структуры.

Проводятся также некоторые испытания по перепроверке выбора модели относительно гравиметрически исследованной геологической структуры.

Summary

The evaluation of gravimetric measurements by means of the frequency analysis is an effective procedure and is more and more used by large geophysical centres of interpretation. In this sense the complex spectra $S(\omega)$ referring to the gravimetric quantities g, g_z, g_x and g_{zz} were evaluated by means of the direct FOURIER transformation for the following two-dimensional models: the inclined and the vertical stage (fault), the trilateral prism (anticline and syncline), and the semi-infinite fissure.

A review of methods for calculating complex spectra from field measurements of gravimetric quantities is followed by a discussion of a method for evaluating the complex space. On its base all geometrical parameters can be determined, by which the model of a gravimetrically explored geological structure is characterized.

Some tests are also mentioned, by which the choice of the model is examined in view of the gravimetrically explored geological structure.

Literatur

BATEMAN, H., & A. ERDELYI: Tables of integral transforms. — McGraw-Hill Book Comp., Inc., N. Y., Toronto, London 1954.

BHATTACHARYYA, B. K.: Continuous spectrum of the total magnetic field anomaly due to a rectangular prismatic body. — Geophysics, 31 (1966).

BRONSTEIN, I. N., & K. A. SEMENDJAJEW: Taschenbuch der Mathematik. — B. G. Teubner Verlagsges., Leipzig 1959.

DEAN, W. C.: Frequency analysis for gravity and magnetic interpretation. — Geophysics, 23 (1958).

DITKIN, W. A., & A. P. PRUDNIZOW: Integralie preobrasowanie i operationnoe istschislenie. — Gosudarstwennoe isdatelstwo fisiko-matematitscheskoe literaturi, Moskau 1961.

Milcoveanu, D., & S. Covaci: Darstellung von zweidimensionalen Störungsfeldern mit Hilfe von Kurvenintegralen. – Freiberger Forsch.-H., C 174 (1965).
Neidell, N. S.: Spectral studies of marine geophysical profiles. – Geophysics, 31 (1966).
Odegard, M., & I. Berg: Gravity interpretation using the Fourier integral. – Geophysics, 30 (1965).
Sharma, B., & L. O. Geldart: Analysis of gravity anomalies of two-dimensional faults using Fourier transforms. – Geophysical Prospecting, 16 (1968).
Solowiew, O. A., & W. G. Romanow: Netschotoriic woprosi tschiastotnowo analisa magnitnich i grawimetritscheskich anomalii tschislennich electronnich masinach. – Academia Nauk SSSR rasdel Sibir. Trudi Instituta Geol. i Geofis. Tetr. 21, Sbornic po Geofisike 4, Nowosibirsk 1963.
Swartz, C. A.: Some geometrical properties of residual maps. – Geophysics, 19 (1954).
Swartz, C. A., & W. M. Sokoloff: Filtering associated with selective sampling of geophysical data. – Geophysics, 20 (1954).
Wenger: Überschiebungsvariante in lineare Interpolationen. – Berlin 1943.

Zur Bestimmung der Effektivität geologischer Sucharbeiten zur Vorbereitung perspektivischer Strukturen

A. G. Bikbulatow, UdSSR

Im neuen System der Planung und ökonomischen Stimulierung erlangen die Fragen der Planung, Finanzierung und Abrechnung geologischer Sucharbeiten eine besondere Bedeutung. Die Hauptkennziffer ist die Effektivität, ausgedrückt in Rubel pro Tonne Vorratszuwachs des Rohstoffs.

Gegenwärtig wird die Anzahl der für das Abteufen von Suchbohrungen vorbereiteten perspektiven Strukturen faktisch als Effektivität der geologischen Sucharbeiten angesehen. Praktisch wird jedoch im Jahresbericht der Erkundungsbetriebe „Über den Strukturfonds zur Suche von Erdöl und Erdgas" die Anzahl der nachgewiesenen und vorbereiteten perspektiven Strukturen angegeben, anhand deren der Vorratszuwachs nicht beurteilt werden kann. Mit Hilfe dieser Daten kann man lediglich den Bestätigungsgrad der Höffigkeit der vorbereiteten Strukturen in Prozenten (das Verhältnis der produktiven zur Gesamtzahl der durch Suchbohrungen geprüften Strukturen), d. h. die relative Effektivität der geologischen Sucharbeiten, bestimmen.

Nach den für Suchbohrungen vorbereiteten Strukturen, bei ihrem hohen Bestätigungsgrad, werden in Gebieten mit nachgewiesener Erdöl- und Erdgasführung die Vorräte zur Kategorie C_2, in anderen Fällen zur Kategorie D_1 gezählt. Nach den erkannten perspektiven Strukturen werden die Vorräte ebenfalls zu den prognostischen gerechnet. Wir betrachten auch als notwendig, nach Möglichkeit eine Einschätzung (Neueinschätzung) der perspektiven und prognostischen Vorräte mit Hilfe eines laufenden Bestätigungskoeffizienten für bestimmte Zeitabschnitte, Gebiete und Horizonte vorzunehmen.

Der Bestätigungskoeffizient der Vorräte wird durch das Verhältnis der Vorratssumme von Erdöl und/oder Erdgas produktiver Strukturen, berechnet nach dem Nachweis ihrer Produktivität, zur Vorratssumme der erbohrten Strukturen, die bis zum Niederbringen der Bohrungen vorhanden waren, unabhängig von der Vorratskategorie, dargestellt.

Der Zeitabschnitt für die Ermittlung des Bestätigungskoeffizienten der Vorräte sollte sinnvoll mit der Periode der geologischen Sucharbeiten verbunden werden, die nach einer bestimmten Methode der Vorbereitung der Strukturen durchgeführt wurden. Wenn es nicht gelingt, so eine Periode auszugliedern, kann man den Bestätigungskoeffizienten z. B. für die letzten 5 oder 10 Jahre ermitteln.

Nur auf diese Weise bewertete Vorräte an Erdöl und Erdgas kann man in Berichten über geologische Sucharbeiten verwenden und mit ihrer Hilfe die Effektivität errechnen.

In den Jahren 1966 bis 1968 betrugen die finanziellen Aufwendungen für Strukturuntersuchungsbohrungen mit geringen Teufen auf Unterperm-Ablagerungen im Bereich des betrachteten Gebiets 5,991 Mill. Rubel. Vorbereitet wurden insgesamt 19 Strukturen, von denen bis jetzt 12 durch Suchbohrungen überprüft wurden. Von den zulezt genannten waren zwei Strukturen höffig. Sie enthalten 22,278 Mill. t gewinnbare Vorräte. Die übrigen waren nicht höffig. Die summaren Erdölvorräte der untersuchten Strukturen bis zu ihrer Überprüfung betrugen 99,687 Mill t. Demzufolge beträgt der Bestätigungskoeffizient für die Erdölvorräte $22{,}278:99{,}687 = 0{,}22$. Führen wir die Neubewertung der Vorräte von sechs Reserve- und einer noch nicht vollkommen überprüften Struktur durch, deren Gesamtvorräte 50,428 Mill. t betragen, unter Verwendung des Bestätigungskoeffizienten, dann ergeben sich: $50{,}428 \times 0{,}22 = 11{,}094$ Mill. t. Die laufende Effektivität des Strukturuntersuchungsbohrens auf geringe Teufen im Bereich der betrachteten Region für die Jahre 1966 bis 1968 beträgt $5991000 : (22278000 + 11084000) = 0{,}18$ Rubel pro Tonne gewinnbaren Vorrats an Erdöl.

Für den gleichen Zeitabschnitt wurden in derselben Region reflexionsseismische Arbeiten für 1444,9 Tausend Rubel durchgeführt und in ihrem Ergebnis 9 Strukturen nachgewiesen. Fünf von ihnen wurden in die Suche übergeführt. Eine endgültige Einschätzung des Bestätigungsgrads (Höffigkeit) kann jedoch nur für zwei gegeben werden, von denen sich nur eine bestätigte. Es ist unbedingt darauf zu verweisen, daß einige Strukturen, die durch Bohrungen untersucht wurden, aus mehreren getrennten Aufwölbungen bestehen, für die wir die Vorräte bei der Berechnung jeder einzelnen Aufwölbung berücksichtigt haben.

Die gesamten Erdölvorräte aller untersuchten Strukturen betragen 18,267 Mill. t, die davon bestätigten 6,967 Mill. t. Der Bestätigungskoeffizient der Vorräte ist $6{,}967 : 18{,}267 = 0{,}38$. Die Vorräte der Reserve- und noch nicht vollkommen untersuchten Strukturen betragen 12,4 Mill. t. Führen wir ihre Neubewertung durch, dann ergeben sich $12{,}4 \times 0{,}38 = 4{,}712$ Mill. t.

Aus: „Geologija nefti i gasa", Nr. 1, 28–29, Moskau 1971 (Diskussionsbeitrag).
Übers.: H. Schneider, Berlin.

Die gesamten Vorräte betragen 6,967 + 4,712 = 11,679 Mill. t. Die laufende Effektivität der Reflexionsseismik im Bereich des betrachteten Gebiets für die Jahre 1966 bis 1968 ist 1444900:11679000 = 0,12 Rubel pro Tonne gewinnbaren Vorrats der vorbereiteten Strukturen. Zwei Strukturen aus der Reserve, die territoriell vorbereitet waren, fielen mit Feldern vorher bewerteter C_2-Vorräte, die mit Hilfe anderer Methoden ermittelt wurden (es wurden hier bereits Strukturuntersuchungs- und Erkundungsbohrungen abgeteuft), zusammen. Die wirkliche Effektivität muß deshalb unter Abzug der Vorräte der genannten beiden Strukturen in Höhe von 4,9 Mill. t ermittelt werden und beträgt dann 0,15 Rubel pro Tonne Zuwachs an gewinnbaren Erdölvorräten.

Entsprechend der steigenden Effektivität wurden also im Verlauf der letzten Jahre im Bereich des betrachteten Gebietes durch die Seismik positivere Ergebnisse erzielt. Gegenwärtig ist es jedoch sinnvoller, die seismischen Arbeiten im Komplex mit dem Abteufen von Strukturbohrungen durchzuführen. Dabei müssen die Strukturuntersuchungsbohrungen auch als Parameterbohrung dienen, wodurch eine Einsparung von Mitteln für Parameterbohrungen ermöglicht wird. Andererseits ist die gegenseitige Überprüfung der Strukturen möglich, die durch verschiedene Methoden nachgewiesen wurden, was letztlich die Qualität der Strukturvorbereitung erhöht.

Es ist notwendig, in die periodischen Produktionsberichte der Suchbetriebe ebenfalls die wirkliche Effektivität der Arbeiten neben anderen technisch-ökonomischen Kennziffern wie Arbeitsumfang, Kosten usw. einzubeziehen. Der geologische Dienst der Suchbetriebe muß den laufenden Zuwachs an Rohstoffvorräten ermitteln. Dabei ist der wirkliche Vorratszuwachs prognostischer und perspektiver Kategorien unbedingt nicht nur für nachgewiesene, sondern auch für durch Sucharbeiten präzisierte, früher nicht vollkommen erkundete Strukturen zu berücksichtigen.

Bemerkungen zu den Ursachen einer Böschungsrutschung im Löß(-lehm) Nordwestsachsens

K. HAMMERSCHMIDT, Berlin, & K. J. KLENGEL, Dresden

1. Geologische Situation

Das Untersuchungsgebiet liegt im Bereich des Grimmaer Quarzporphyrs, einer Vulkanitvarietät des nordwestsächsischen Prophyrgebiets, die dem Unterrotliegenden zuzuordnen ist. Dieser Quarzporphyr ist, wie verschiedene Aufschlüsse im betrachteten Gebiet deutlich sichtbar machen, in seinen oberen Zonen grusig bis tonig verwittert. In den kaolinartigen, weißen bis lichtgrauen Verwitterungszonen treten neben kleinen Quarzkristallen noch vereinzelt Gesteinsbruchstücke auf. Außerdem werden lokal von Braunkohlenflözen durchzogene Kiese, Sande, Schluffe und Tone des Unteroligozäns vorgefunden. Von den pleistozänen Ablagerungen in Form von Geschiebemergel(-lehm), Bänderton, Muldeschottern sowie Löß(-lehm) sind ausschließlich letztere von größerer Bedeutung (PENK 1898).

Im nordwestsächsischen Raume lassen sich in bezug auf Mächtigkeit und Ausbildung drei generell E—W streichende Zonen der Löß(-lehm-)vorkommen aushalten (GRAHMANN 1925). Die südlichste dieser Zonen besitzt Löß(-lehm-)mächtigkeiten von 5 bis 8 m, die stellenweise sogar auf 10 bis 12 m ansteigen.

Das Untersuchungsgebiet liegt am Nordrand der genannten südlichsten Löß(-lehm-)zone. Die Ablagerung der äolischen Lockergesteine erfolgte nach der teilweisen Abtragung altpleistozäner Sedimente, also im Jungpleistozän. Ohne wesentliche Änderung ihrer Ausbildung zieht sich die Löß(-lehm-)decke von kleineren Höhenzügen bis in die Täler hinab und bedeckt häufig auch steil geneigte Hänge (PENK 1898).

Das anstehende Lockergestein besitzt die für einen Löß(-lehm) typischen Merkmale und zeigt eine über die gesamte Mächtigkeit gleichbleibende Beschaffenheit (CREDNER 1880). Nur stellenweise geht es nach dem Liegenden zu in einen Lößsand über und nimmt Material des Untergrunds in sich auf (SCHEIDIG 1934).

An einigen Stellen — z. B. in den Steinbrüchen bei Keiselwitz und Leipnitz und an der Windmühle Brösen — bedeckt der Löß(-lehm) direkt den Grimmaer Quarzporphyr. Im Gebiet westlich der Mulde und nördlich der Linie Nerchau—Würschnitz ist ein dem Löß(-lehm) sehr ähnliches Lockergestein — wahrscheinlich ein Lößsand — mit geringer Mächtigkeit ausgebildet.

2. Baugrundverhältnisse

Im Frühjahr 1970 traten an der Südseite eines bis zu 13 m tiefen und mehrere hundert Meter langen Einschnitts, der im Zuge eines Straßenneubaus mit

Abb. 1. Gesamtansicht der Rutschung

Eingang des Manuskripts in der Redaktion: 20. 7. 1971.
Die Verf. danken Dipl.-Geol. F. SCHEIDER sowie den Techn. Assistenten Frau Ch. LIPPMANN und Frau U. ROSENTRETER für ihre Mitarbeit.

Abb. 2. Scherflächen im Löß(-lehm)

einer Böschungsneigung von 1:2 hergestellt worden war, umfangreiche Rutschungen auf (Abb. 1).

Als anstehende Gesteine konnten in diesem Bereich

Löß(-lehm) mit Übergangszone
Schluff, grau und glimmerhaltig (im weiteren als „Grauer Schluff" bezeichnet), sowie
Porphyr, stark verwittert, z. T. kaolinisiert,

festgestellt werden. Dabei bildet der verwitterte Porphyr keine ebene, sondern eine kuppige Oberfläche mit einzelnen Aufragungen.

Der verwitterte Porphyr

ist weißgrau gefärbt. Quarzbestandteile sind noch erkennbar und schwimmen in einer tonigen „Grund"-masse. Im Oberflächenbereich des kaolinisierten Porphyrs treten vereinzelt auch kleinere — chemisch nur wenig angegriffene — vergruste Partien in Erscheinung.

Abb. 3. „Quellhorizont" im Löß(-lehm)

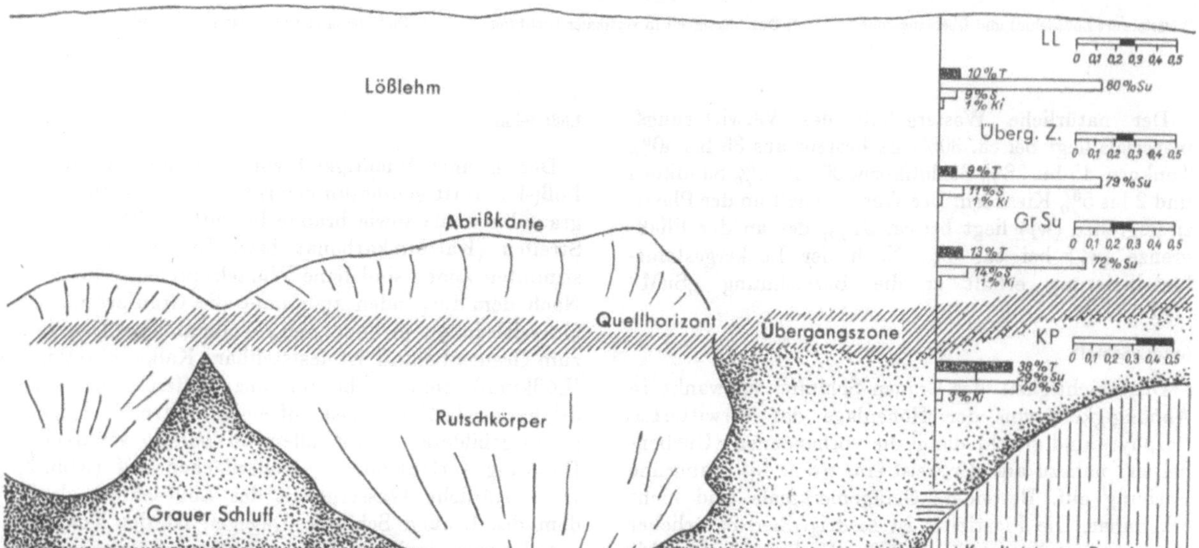

Abb. 4. Vereinfachte Profilskizze — Böschungsrutschung mit eingetragenen Klassifikationswerten

LL — Löß(-lehm), Überg. Z. — Übergangszone, Gr Su — Grauer Schluff, KP — kaolinisierter Porphyr, T — Tonkorn, Su — Schluffkorn, S — Sandkorn, Ki — Kieskorn

[(Anstatt Lößlehm lies Löß(-lehm)]

Zeitschrift für angewandte Geologie, Bd. 18 (1972), Heft 1

Tabelle. Bodenphysikalische Kennwerte

Proben	ϱ_n	w_n	ϱ_d	ϱ_s	Kornverteilung T [%]	Su [%]	S [%]	Ki [%]	w_b	w_L
Löß(-lehm) mit Übergangszone										
I/1				2,69	10	78	10	2	0,382	0,276
a/b	1,99	0,202	1,65	2,66	10	80	10	0	0,357	0,251
2	} 1,98	} 0,218	} 1,62	2,69 } 2,68	7	83	9	1	0,354 } 0,378	0,267 } 0,272
c/d	1,94	0,233	1,58	2,66	12	80	7	1	0,429	0,281
3				2,69	10	82	7	1	0,374	0,285
					10	81	8	1		
II/1				2,71	8	82	10	0	0,422	0,284
2				2,71	8	82	10	0	0,415	0,291
a/b	2,00	0,206	1,67	2,70	8	81	11	0	0,437	0,277
3				2,71 } 2,71	8	92	9	1	0,448 } 0,408	0,281 } 0,275
4	} 2,04	} 0,212	} 1,69	2,71	8	73	13	6	0,398	0,264
5				2,71	10	76	13	1	0,370	0,259
c/d	2,08	0,218	1,71	2,70	12	77	10	1	0,367	0,268
					9	79	11	1		
	(2,01)[1]	(0,215)[1]	(1,65)[1]	(2,70)[1]	(10)	(79)	(10)	(1)	(0,393)[1]	(0,274)[1]
Grauer Schluff										
III/2				2,73	15	72	12	1	0,445	0,299
1				2,73 } 2,72	15	70	13	2	0,442 } 0,423	0,281 } 0,284
a/b	2,07	0,200	1,73	2,70	9	74	16	1	0,372	0,272
					(13)	(72)	(14)	(1)		
Kaolin										
IV/a/b	1,94	0,311	1,48	2,65	40	18	40	2	0,664	0,510
1				2,67	38	20	40	2	0,651	0,510
2	} 1,90	} 0,304	} 1,46	2,67	38	20	37	5	0,560	0,482
c/d	1,86	0,297	1,44	2,65 } 2,66	35	15	48	2	0,633 } 0,594	0,438 } 0,477
3				2,67	40	28	30	2	0,516	0,483
4				2,67	35	21	42	2	0,542	0,449
					(34)	(20)	(44)	(2)		

[1]) Mittelwert Löß(-lehm) und Übergangszone [2]) Durchlässigkeit in vertikaler Richtung [3]) Durchlässigkeit in horizontaler Richtung

Der natürliche Wassergehalt des Verwitterungsmaterials liegt bei ca. 30%. Es besteht aus 35 bis 40% Tonkorn, 15 bis 28% Schluffkorn, 30 bis 48% Sandkorn und 2 bis 5% Kieskorn. Der Wassergehalt an der Plastizitätsgrenze (w_P) liegt bei ca. 31%, der an der Fließgrenze (w_L) bei ca. 4%. Nach der Lockergesteinsklassifizierung erhält er die Bezeichnung „SuM" (Tab.).

Grauer Schluff

Die Mächtigkeit des Grauen Schluffes schwankt in Abhängigkeit von der Höhenlage des verwitterten Porphyrs und gleicht damit die vorhandenen „Unebenheiten" nahezu aus. Er weist eine graue bis graugrüne Färbung auf. Besondere Gefügemerkmale sind nicht erkennbar. Die Plastizität ist niedrig. Sein natürlicher Wassergehalt liegt bei ca. 20%. Er besteht zu 9 bis 15% (⌀ 13%) aus Tonkorn, zu 70 bis 74% aus Schluffkorn, zu 12 bis 16% aus Sandkorn und zu 1 bis 2% aus Kieskorn. Der Wassergehalt an der Plastizitätsgrenze liegt bei ca. 19%, der an der Fließgrenze bei 28%. Er erhält nach der Lockergesteinsklassifizierung die Bezeichnung „SSu/SuL" (Tab.).

Löß(-lehm)

Der in einer Mächtigkeit von 6 bis 8 m anstehende Löß(-lehm) ist gelbbraun gefärbt und zeigt örtlich hellgraue bis weiße sowie braune bis rötliche Flecken bzw. Streifen (Kalziumkarbonat bzw. Eisenoxid). In bestimmten Zonen sind feine Wurzelröhrchen erkennbar. Nach dem Liegenden zu nimmt die Graufärbung des Materials immer mehr zu, und ein allmählicher Übergang zum Grauen Schluff ist feststellbar. Kalkkonkretionen (Lößkindl) sind verbreitet anzutreffen. Vor allem die hangende Zone weist auf einige Meter Mächtigkeit gutausgebildete — vor allem in nahezu senkrechter Richtung verlaufende — Scherflächen auf (Abb. 2). Der natürliche Wassergehalt des Löß(-lehms) gleicht dem des Grauen Schluffs. Dagegen ist der Tonkornanteil etwas geringer (obere Partie annähernd 10%, untere Partie nahezu 9%), der Schluffkornanteil etwas höher (annähernd 79%), der Sandkornanteil wieder niedriger (annähernd 10%), der Kieskornanteil gleichermaßen unbedeutend (annähernd 1%).

Plastizitäts- und Fließgrenze schwanken in geringen Grenzen, unterscheiden sich aber im Prinzip nicht vom

Fortsetzung

w_p		I_p		w_0		w_1		w_{fl}		k 1 kp/cm²	k 2 kp/cm²	k 4,5 kp/cm²
0,220		0,056		0,367		0,252		0,115		a) 1,46 · 10⁻⁵ ²)	1,77 · 10⁻⁵ ²)	1,58 · 10⁻⁵ ²)
0,198		0,053		0,344		0,234		0,110		b) 8,95 · 10⁻⁷ ³)	8,3 · 10⁻⁷ ³)	8,3 · 10⁻⁷ ³)
0,228	0,222	0,039	0,050	0,357	0,366	0,240	0,237	0,117	0,129			
0,227		0,054		0,403		0,235		0,168		c) 1,38 · 10⁻⁶ ³)	7,5 · 10⁻⁷ ³)	8,5 · 10⁻⁷ ³)
0,237		0,048		0,360		0,224		0,136				
0,228		0,056		0,426		0,262		0,164				
0,210		0,081		0,438		0,268		0,170		a) 1,04 · 10⁻⁶ ²)	9,6 · 10⁻⁷ ²)	8,1 · 10⁻⁷ ²)
0,217		0,060		0,430		0,257		0,173		b) 1,04 · 10⁻⁶ ³)	1,17 · 10⁻⁶ ³)	1,01 · 10⁻⁶ ³)
0,216	0,212	0,065	0,063	0,455	0,427	0,254	0,253	0,201	0,174			
0,204		0,060		0,408		0,246		0,162				
0,200		0,059		0,401		0,248		0,153		c) 2,54 · 10⁻⁷ ²)	2,16 · 10⁻⁷ ²)	2,2 · 10⁻⁷ ³)
0,211		0,057		0,431		0,234		0,197		d) 8,27 · 10⁻⁷ ³)	6,11 · 10⁻⁷ ³)	5,58 · 10⁻⁷ ³)
(0,217)¹)		(0,057)¹)		(0,397)¹)		(0,245)¹)		(0,152)¹)		(1,66 · 10⁻⁶) ¹)²) (4,91 · 10⁻⁷) ¹)³)	(4,51 · 10⁻⁶) ¹)²) (5,77 · 10⁻⁷) ¹)³)	(3,99 · 10⁻⁶) ¹)²) (5,85 · 10⁻⁷) ¹)³)
0,198		0,101		0,497		0,246		0,251				
0,192	0,191	0,089	0,093	0,430	0,465	0,222	0,229	0,208	0,236			
0,183		0,089		0,468		0,220		0,248			b) 1,43 · 10⁻⁶ ³)	1,19 · 10⁻⁷ ³)
0,314		0,196		0,922		0,315		0,607		a) 1,17 · 10⁻⁷ ³)	1 · 10⁻⁷ ³)	8,47 · 10⁻⁸ ³)
0,324		0,186		0,924		0,434		0,490		b) 6,38 · 10⁻⁹ ²)	9,3 · 10⁻⁹ ²)	4,65 · 10⁻⁹ ²)
0,306		0,176		0,846		0,413		0,433				
0,314	0,314	0,124	0,163	0,819	0,876	0,396	0,400	0,423	0,416	c) 1,65 · 10⁻⁷ ³)	1,79 · 10⁻⁷ ³)	1,51 · 10⁻⁷ ³)
0,322		0,161		0,913		0,427		0,486				
0,305		0,144		0,829		0,416		0,413				
										(6,38 · 10⁻⁹) ²) (1,41 · 10⁻⁷) ³)	(9,3 · 10⁻⁹) ²) (1,4 · 10⁻⁷) ³)	(4,65 · 10⁻⁹) ²) (4,99 · 10⁻⁷) ³)

Grauen Schluff. Nach der Lockergesteinsklassifizierung gehört der Löß(-lehm) in die gleiche Gruppe wie der Graue Schluff (Tab.).

3. Aufgetretene Schäden

Innerhalb des Löß(-lehms) bzw. im Bereich der Übergangszone zwischen Löß(-lehm) und Grauem Schluff ist ein über einige hundert Meter in horizontaler Richtung zu verfolgender „Quellhorizont" erkennbar, dessen Mächtigkeit nur einige Dezimeter beträgt. Dieser wasserführende Horizont ist nicht — wie man erwarten sollte — an den Grenzbereich zwischen schwachbindigen und mittel- bis starkbindigen Lockergesteinen gebunden, sondern tritt stets innerhalb der schluffigen Lockergesteine auf. Daraus ist abzuleiten, daß Löß(-lehm) bzw. Grauer Schluff Horizonte mit flächenhafter Ausdehnung aufweisen, die eine größere Durchlässigkeit als die übrigen Bereiche besitzen. Als Ursachen dafür können sowohl

- eine geringere Lagerungsdichte,
- vorhandene Wurzelhorizonte und
- eine Anhäufung von Scherflächen

in Frage kommen. Diese Unterschiede in der Durchlässigkeit lassen sich weder visuell im Gelände erkennen noch durch die durchzuführenden Laborversuche erfassen, wie die vorliegenden Ergebnisse zeigen (Tab.).

Untersuchungen ergaben, daß der Wasseraustritt im Bereich des Quellhorizonts langsam, aber sehr kontinuierlich erfolgt. Eine frisch hergestellte glatte Anschnittsfläche zeigt zunächst keinerlei freies Wasser. Erst nach einigen Sekunden perlten Wassertropfen an einigen Stellen aus der Fläche. Die Austrittspunkte nahmen immer mehr zu, bis die gesamte Oberfläche durchfeuchtet war.

Nach und nach gleiten dann „Schalen" in breiiger Konsistenz ab. Dieser Vorgang schreitet langsam in die Tiefe fort, führt zu einem immer stärkeren Nachbruch des Hangenden und zur Ausbildung von stark durchfeuchteten Rutschmassen, die bis zum Böschungsfuß abgleiten (Abb. 3).

Auf diesem Wege bildete sich nach Herstellung des Einschnitts in der nach N offenen Böschungsfläche eine fast hundert Meter lange Rutschung mit einer 2 bis 4 m hohen Abrißkante aus, die in Abhängigkeit vom Sickerwasserangebot immer mehr an Umfang zunahm (Abb. 4). Ähnliche Schäden mit gleicher Ursache konnten noch an weiteren Örtlichkeiten des Untersuchungsgebiets nachgewiesen werden.

4. Schlußfolgerungen

Für ingenieurgeologische Arbeiten im Deckgebirge des nordwestsächsischen Porphyrgebiets lassen sich aus den dargelegten Untersuchungsergebnissen eine Reihe praktisch wichtiger Schlußfolgerungen ziehen:

a) Der anstehende Löß(-lehm) geht ohne klar ausgebildete Grenze in einen sogenannten Grauen Schluff über, der sich in der Farbe gut vom Löß(-lehm) unterscheidet, dessen bodenphysikalische Eigenschaften denen des Löß(-lehms) jedoch weitgehend gleichen.

b) Im Liegenden des Löß(-lehms) bzw. Grauen Schluffes stehen meist Lockergesteine mit höherem Grad der Bindigkeit an (Geschiebemergel/-lehm oder tonig-schluffige Verwitterungsprodukte der Porphyre). Trotz ihrer geringeren Durchlässigkeit sind sie im allgemeinen nicht die Ursache für die Ausbildung eines Quellhorizonts in diesem Grenzbereich.

c) Die Verwitterungslockergesteine des Grimmaer Quarzporphyrs sind meist als kaolinartige Tone mit mittlerem Grad der Bindigkeit ausgebildet. Örtlich können sie jedoch auch als chemisch wenig veränderte Verwitterungsgruse — die bodenphysikalisch einem sandigen Kies gleichen — auftreten.

d) Im Löß(-lehm) bzw. Grauen Schluff läßt sich häufig ein mehrere Dezimeter mächtiger Horizont nachweisen, der sich äußerlich nicht vom übrigen Lockergestein unterscheidet, in dem jedoch erhebliche Wassermengen zirkulieren.

e) Beim Anschnitt dieses wasserführenden Horizonts während eines Bauvorhabens kommt es zu einem langsamen, aber kontinuierlichen Wasseraustritt in der Art eines Quellhorizonts mit entsprechend ungünstigen Folgen für die Standfestigkeit.

f) Die Lage der Anschnittsfläche zur Sonneneinstrahlung spielt bei diesem langsam ausfließenden Wasser eine entscheidende Rolle für den Umfang auftretender Böschungsschäden.

Zusammenfassung

Es wird eine Rutschung im Deckgebirge (schluffige Lockergesteine) des Grimmaer Quarzporphyrs (NW-Sachsen) beschrieben, die an einem künstlich hergestellten Einschnitt auftrat. Als Ursache konnte die Ausbildung eines „Quellhorizonts" innerhalb der völlig gleichartig aufgebauten schwachbindigen schluffigen Lockergesteine festgestellt werden. Dagegen zeigte der Grenzbereich zu einem im Liegenden anstehenden mittel- bis starkbindigen Lockergestein keinerlei Wasserführung. Die Ergebnisse der Laborversuche zur genauen Einschätzung der bodenphysikalischen Eigenschaften der untersuchten Lockergesteine werden mitgeteilt.

Резюме

Описывается оползень в покрывающих породах (илистые рыхлые породы) гриммского кварцевого порфира (С-З-Саксония), который возник в искусственной выемке. Причиной этого является образование „горизонта источника" внутри совершенно одинаково построенных слабо связанных илистых рыхлых пород. В противоположность к этому, пограничная зона к наодящейся в подошве средне-сильно рыхлой породе не является водоносной. Сообщаются результаты лабораторных опытов для точной оценки физических свойств исследуемых рыхлых пород.

Summary

A failure in the cover (loose silty ground) of the quartz-porphyry of Grimma (NW Saxony) is described, which occurred in an artificially made cut. The development of a "spring-horizon" within completely homogeneous, low-cohesive silty ground was found to be its cause, whereas no water was found passing the boundary zone towards a medium-to-heavy cohesive ground outcropping in the footwall. The results of laboratory tests are described, which were made with a view to estimating exactly the physical properties of the ground investigated.

Literatur

CREDNER, H.: Erläuterungen zur Geologischen Spezialkarte des Königreiches Sachsen, Sektion Grimma 1880.

GRAHMANN, R.: Diluvium und Pliozän in NW-Sachsen. — Abh. d. Math.-Phys. Klasse d. Sächs. Akademie d. Wiss., Bd. XXXIX, Leipzig 1925.

PENCK, A.: Erläuterungen zur geologischen Spezialkarte des Königreiches Sachsen, Sektion Grimma/Trebsen, Leipzig 1898.

SCHEIDIG, A.: Der Löß und seine geotechnischen Eigenschaften. — Dresden und Leipzig 1934.

MARINOW, N. A.

Geologische Erforschung der Mongolischen Volksrepublik

Referiert von ARIBERT KAMPE, Berlin

Nach den zusammenfassenden Darstellungen über die Geologie und die Lagerstätten der Mongolischen Volksrepublik durch Autorenkollektive (1959, 1963 und 1966) ist 1967 ein Buch erschienen, das u. a. Referate aller bisher publizierten geologischen und verwandten Wissensgebiete enthält. Der Autor, N. A. MARINOW, ist durch zahlreiche Veröffentlichungen über die Geologie der MVR bekannt. Das sehr umfangreiche Buch gliedert sich mit seinen 843 Seiten, 110 Abbildungen und 40 Tabellen bzw. Schemata in vier Hauptteile, die wiederum in Abschnitte unterteilt sind.

Der erste Hauptteil umfaßt die Geschichte der geologischen Erforschung und ist in vier Abschnitte unterteilt, beginnend mit dem 19. Jahrhundert, bis zum Jahre 1964/1965. Der 1. Abschnitt von 1825 bis 1892 ist durch eine geographische Untersuchung charakterisiert. Es werden die Expeditionen von N. M. PRSCHEWALSKIJ, G. N. POTANIN und R. POMPELLI beschrieben und die Arbeiten von A. v. HUMBOLDT, K. RITTER und F. v. RICHTHOFEN ausführlich erläutert, die für die Geographie und Geologie der Mongolei von großer Bedeutung waren. Die drei letztgenannten Forscher haben allerdings das Gebiet der heutigen MVR bei ihren Forschungsreisen nicht erreicht.

Eingang des Manuskripts in der Redaktion: 27. 5. 1970.

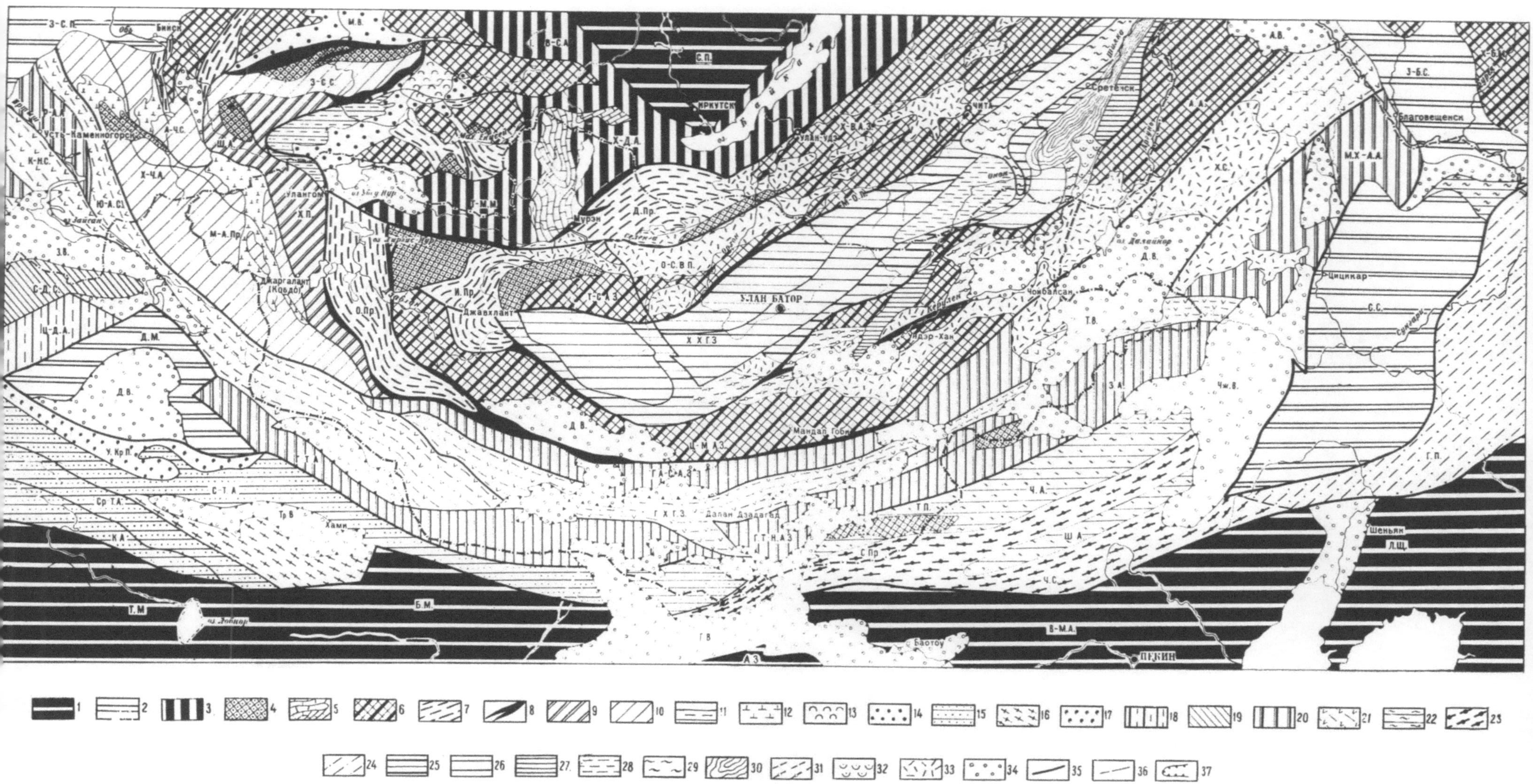

Abb. Tektonisches Schema der Mongolischen Volksrepublik und angrenzender Gebiete

(zusammengestellt von R. A. CHASIN, unter Verwendung von Materialien von W. A. AMANTOW für Transbaikalien)

— epiproterozoische Plattform (für die Nordchinesische Plattform zusammen mit dem innermongolisch-baikalischen Antiklinorium); 2 — epipaläozoische Plattform; 3 — Gebiet der baikalischen Faltung (Baikaliden); 4 — Aufragungen des baikalischen Fundaments inmitten kaledonischer und herzynischer Faltensysteme, die durch paläozoische Bewegungen überprägt wurden; 5 — Außensenken, die sich im Unteren Kambrium auf dem baikalischen Fundament formiert haben

frühkaledonisches Baikal-Tuwino-Mongolisches eugeosynklinales Faltensystem: 6 — geoantiklinale Zonen; 7 — geosynklinale vulkanogene Zonen; 8 — Ophiolithgürtel

spätkaledonisches Altai-Westsajanisches miogeosynklinales Faltensystem: 9 — geoantiklinale terrigene Zonen; 10 — geosynklinale terrigene Zonen. Außensenken: 11 — die sich im Ordovizium auf mittelkambrischem Fundament formierten; 12 — die sich im Mitteldevon auf spätkaledonischem Fundament formierten intramontane Senken: 13 — die sich im Ordovizium gebildet haben; 14 — die sich im Unteren Devon gebildet haben

paläozoisches Tjanschanisches eugeosynklinales Faltensystem: 15 — geoantiklinale Zonen; 16 — geosynklinale vulkanogene Zonen; 17 — triassische Randsenken

zynisches Dschungaro-Balchaschisches miogeosynklinales Faltensystem: 18 — geoantiklinale terrigene Zonen; 19 — geosynklinale terrigene Zonen frühherzynisches Chingano-südmongolisches und spätherzynisches Ob-Transbaikalisches eugeosynklinales Faltensystem: 20 — geoantiklinale Zonen; 21 — geosynklinale vulkanogene Zonen

spätpaläozoisch-frühmesozoisches innermongolisches eugeosynklinales Faltensystem: 22 — geoantiklinale Zonen; 23 — geosynklinale vulkanogene Zonen; 24 — parageosynklinale terrigene Zonen

tpaläozoisch-frühmesozoisches Mongol-Amur-Faltensystem: 25 — geoantiklinale Zonen; 26 — geosynklinale terrigene Zonen; 27 — Außensenken, die sich im Unterdevon auf dem kaledonisch gefalteten Fundament bildeten; 28 — oberpaläozoisch-untertriassische postgeosynklinale terrigene Restsenken; 29 — oberssische marine Senken; 30 — unterjurassische marine Senken; 31 — oberpermische intramontane Senken; 32 — mitteljurassische intramontane Senken; 33 — oberpaläozoisch-mesozoische vulkanogene Gürtel; 34 — mesozoisch-känozoische Senken vom Plattformtyp; 35 — Tiefenbrüche; 36 — sonstige Brüche; 37 — Grenzen mesozoisch-känozoischer Mulden

I. — Sibirische Plattform; Nordchinesische Plattform; T.M. — Tarimsker Massiv; Б.M. — Bejschansker Zone; — A.З. — Alaschansker Zone; Л.Щ. — Ljaodunsker Schild; В-М.А. — Innermongolisches Antiklinorium; З-С.П. — Westsibirische Platte; Д.М. — Dschungarsker Massiv; С.С. — Sunljao-Syneklise; З-Б.С. — sko-Bureinsker Syneklise; В-С.А. — Ostsajan-Antiklinorium; Х-Д.А. — Chamaj-Daban-Antiklinorium; Т-М.М. — Tuwino-Mongolisches Massiv; Х-В.А.З. — Chilokско—Vitimsker Antiklinalzone; А.А. — Aginsker Antiklinorium; Ц-М.А.З. — Zentralmongolische Antiklinalzone; Т-С.А.З. — Tajato—Selenga-Antialzone; Х-Б.М. — Chingano—Burlinsker Massiv; О.Пр. — Osernii-Senke; Д.Пр. — Dschidinsker Senke; И.Пр. — Idersker Senke; Х.П. — Charchirinsker Sattel; Ш.А — Schapschalsker Antiklinorium; Х-Ч.А. — Cholzysko—Tschujskij-Antiklinorium; З-С.С. — Westsajan-Synkliniorium; А-Ч.С. — Anujsko—Tschuskyklinorium; М-А.Пр. — Mongolisch—Altai-Senke; М.С. — Minusinsker Senke; Ю.А.С. — südliches Altai-Synklinorium; Р-А.А. — Rudno—Altai-Antiklinorium; К-Н.С. — Kolbanarinsker Synklinorium; Г.А.-С.А.З. — Gobialtai—Suchebator-Antiklinalzone; Г.Т-Н.А.З. — Gobi-Tjanschan—Nukutdaban-Antiklinalzone; Г.З. — Gobi—Chingan-Geosynklinalzone; Х.С. — Chajlar-Synklinorium; М.Х-А.А. — Molochin—Aeprschan-Antiklinorium; Э.А. — Erljan-Antiklinorium; Ч.А. — Tschesschtsky-Antiklinorium; Т.П. — Totoschan-Sattel; С.Пр. — Solonker Senke; Ш.С. — Schirin-Synklinorium; Ш.А. — Schirin-Antiklinorium; Ч.С. — Tschachar-Synklinorium; У.Кр.П. — Urmutschin-Senke; С.-ГА — Nördliches Tjanschan-Antiklinorium; Ср.-Т.А. — Mittleres Tjanschan-Antiklinorium; К.А. — Kokschal-Antiklinorium; С-ДА — Norddschungar-Synklinorium; ЦДА — Zentraldschungar-Antiklinorium; М-ОЛ — Mongolisch-Ocholskisches Lineament

Senken von: ЗС — Zajsan; ДВ — Dschungar; Гр.В — Turfan; ГВ — Gaschun; Чж.В — Tschischepin; Т — Tamzak; ДВ — Dalauku; АВ — Amur

In dem 2. Abschnitt, der die Zeitspanne von 1892 bis zur Revolution im Jahre 1921 erfaßt, werden die geologischen Arbeiten erwähnt, die von der Kaiserlich-Russisch-Geographischen Gesellschaft durchgeführt wurden. Erstmals liegen hier vorwiegend geologische Beschreibungen vor, wobei die Arbeiten von W. A. OBRUTSCHEW und M. A. USOW hervorzuheben sind. In dieser Zeit wurden auch die ersten Lagerstätten entdeckt, unter ihnen die Goldlagerstätten im Chentej-Gebirge nördlich von Ulan-Bator.

Der 3. Abschnitt umfaßt die Zeit von 1921 bis zur Gründung des Nationalen Geologischen Dienstes der MVR im Jahre 1957. Er ist durch die wissenschaftlich-technische Hilfe der Sowjetunion bei der geologischen Erforschung des Landes charakterisiert. Innerhalb dieser Etappe begann 1923 die geologische Kartierung durch sowjetische und amerikanische Expeditionen, die anfangs der dreißiger Jahre zu den ersten Vorstellungen über den geologischen und tektonischen Bau der Mongolei führten. Daran anschließend wurden besonders der N und NE des Landes untersucht und zahlreiche Lagerstätten erkundet, nachgewiesen und teilweise auch abgebaut.

Den 4. Abschnitt kennzeichnet die rege Teilnahme junger mongolischer Geologen an der Erforschung der Mongolei bei nachhaltiger Unterstützung von Geologen aus den RGW-Ländern.

Im zweiten Hauptteil werden, ausgehend von den Faltensystemen auf dem Territorium der MVR, die Stratigraphie, die Tektonik und der Magmatismus nach den neuesten Erkenntnissen abgehandelt, so die

- Baikaliden und Frühkaledoniden der Nordmongolei,
- Spätkaledoniden des Mongolischen Altais,
- Frühherzyniden der Südmongolei,
- spätpaläozoisch bis frühmesozoischen Mongol-Amur- und Innermongolische Faltensysteme,
- Strukturen junger Plattformen.

Ein dazugehöriges tektonisches Schema der Mongolei und angrenzender Gebiete ermöglicht einen guten Überblick und wurde als Abbildung diesem Referat beigefügt, so daß sich entsprechende Ausführungen erübrigen.

Dieser Abschnitt beinhaltet außerdem Angaben über die Bodenschätze und Lagerstätten. Für die Erzlagerstätten wurden u. a. Gesetzmäßigkeiten ihrer Verteilung beschrieben, wie sie in groben Zügen schon in den Materialien zur Geologie der MVR 1963[1]) veröffentlicht sind.

Im dritten Hauptteil werden auf fünf Seiten die derzeit wichtigsten noch zu bearbeitenden Probleme der Geologie der MVR aufgezählt.

Der vierte Hauptteil ist mit 647 Seiten der umfangreichste des Buches. Er enthält 968 Referate und ist entsprechend dem Teil zur Geschichte der geologischen Erforschung in 4 Abschnitte gegliedert. Die einzelnen Referate sind durch Abbildungen, Skizzen und Schemata ergänzt und geben so den Inhalt jeder Publikation gut wieder.

Es muß bemerkt werden, daß sich der in diesem Werk mitgeteilte geologische Kenntnisstand der Jahre 1964/1965 durch die verstärkte Kartierung, Suche und Erkundung seit 1965 inzwischen erheblich erweitert hat.

Die mühevolle Arbeit von MARINOW ist den jungen mongolischen Geologen gewidmet und wird für diese wie auch für die in der MVR tätigen Geologen aus den RGW-Ländern eine wesentliche Unterstützung bilden. Dieses Buch schließt damit nicht nur eine große Lücke in der geologischen Literatur der MVR, sondern dürfte auch bei allen Interessenten der Geologie Zentralasiens Beachtung finden.

Alles in allem ist es ein gutes Buch, zu dem man dem Verf. und auch dem Verlag gratulieren kann.

[1]) Teilweise referiert von W. OESTREICH in der „Z. angew. Geol.", 11, 37–41, Berlin 1965.

Buchbesprechungen

TUTTLE, O. F., & J. GITTINS (Hrsg.)

Carbonatites

New York, London, Sidney: Interscience Publishers, John Wiley & Sons 1966. 591 S.

Die Herausgeber TUTTLE & GITTINS haben mit der Auflage dieses Buches den Fachkollegen die Möglichkeit eröffnet, sich eingehend über die Probleme zu orientieren, die mit dem Begriff Karbonatit verbunden sind. In letzter Zeit besteht ein wachsendes Interesse an Literatur über die Karbonatite und die mit ihnen verbundenen Lagerstätten.

Im einleitenden Kapitel erfolgt eine Diskussion über Genese und Platznahme der Karbonatite und über die Herkunft des CO_2. Es besteht die Frage: Bringen Karbonatitschmelzen Alkaligesteine hervor, oder stammen Karbonatite von Alkalimagmen? Hinsichtlich der Genese von Karbonatiten werden vier verschiedene Probleme diskutiert: a) Art der Platznahme; b) Herkunft des CO_2; c) Art der Differentiation; d) chemische Reaktionen des Fenitisierungsprozesses.

Zur Nomenklatur der Karbonatite besteht z. Z. noch keine einheitliche Auffassung, so daß der Inhalt des Begriffs bei einzelnen Autoren variiert. Der Gedanke, daß eine Karbonatkristallisation zusammen mit silikatischen Mineralen aus einer Schmelze erfolge, wurde bereits 1895 durch HÖGBOM geäußert.

In den letzten beiden Jahrzehnten wurden intensive Untersuchungen von vielen Autoren in verschiedenen Ländern durchgeführt. Isotopenuntersuchungen an Kohlenstoff, Sauerstoff und Strontium ergaben bedeutende Unterschiede im Isotopenverhältnis von Karbonatiten und sedimentären Kalksteinen. Dieses Ergebnis schließt die Möglichkeit aus, daß Karbonatite Xenolithe oder aufgeschmolzene Kalksteine sind.

Nachstehend sind die wichtigsten Merkmale und Gesetzmäßigkeiten für Karbonatite aus den Einzelartikeln zusammengestellt:

1. Karbonatite sind spezielle karbonatreiche, meist intrusive magmatische Gesteine, die Beziehungen zum Nebengestein erkennen lassen.
2. Sie sind durch Kristallisation aus Schmelzen oder heißen Lösungen von verschiedener Konzentration und Temperatur gebildet worden.
3. Eine mögliche Genese der Karbonatite durch Kontamination von sedimentären Karbonatgesteinen in einer Schmelze oder heißen Lösung wird auf Grund von Isotopenuntersuchungen an Sr abgelehnt.
4. Karbonatite sind Gesteine, die in Alkaliprovinzen vorkommen.
5. Sie sind stets jünger als ihre Rahmengesteine, die typische Umwandlungserscheinungen (Fenitisierung) aufweisen, die während der Karbonatitbildung entstanden sind.

6. Typisch für Karbonatite ist ihr Vorkommen in ringförmigen Magmatitkomplexen, Ringstrukturen und Gesteinsgängen.

7. Die Karbonatitkörper sitzen oft tektonischen Bruchsystemen auf, die Tiefenbrüche darstellen können.

Im Teil I des Buches werden ausführliche feldgeologische, tektonische, geochemische und genetische Beschreibungen bekannter Karbonatitvorkommen der nichtsozialistischen Länder dargelegt. Ausführlich beschrieben und diskutiert werden die Karbonatite im Bereich des großen Ostafrikanischen Grabensystems. Aktuogeologisch interessant sind die Na-Karbonatit-Lavaströme des tätigen Oldoinyo-Lengai-Vulkans im Norden Tansanias. Des weiteren werden Karbonatite von Jacupiranga, Sao Paulo, Brasilien; vom Kaiserstuhl, BRD; der Shawa- und Dorowa-Komplexe in Rhodesien und schließlich von der klassischen Fen-Ringstruktur, die auf einem parallel zum Oslo-Graben verlaufenden Störungssystem in SW-Norwegen liegt, beschrieben. Eine größere Anzahl von Haupt- und Spurenelementanalysen der Karbonatite und der Nebengesteine wird diskutiert.

Der Teil II beschäftigt sich mit dem Fenitisierungsprozeß. Brögger (1921) gab einer Gruppe von Gesteinen im Fen-Gebiet, die primär annähernd granitische Zusammensetzung hatte, aber durch Lösungen metasomatisch zu alkali-syenitischen Gesteinen umgewandelt wurde, den Namen Fenit. Die Bezeichnung Fenitisierung wird gegenwärtig für weitverbreitete metasomatische Erscheinungen an Gesteinen verschiedener Zusammensetzung durch die Einwirkung karbonatitischer Magmen oder Lösungen auf das Nebengestein angewendet.

Im Teil III werden Ergebnisse experimenteller Arbeiten beschrieben, die petrogenetische Beziehungen zwischen Karbonatitmagmen und Alkaligesteinen aufzeigen. Unter verschiedenen pt-Bedingungen wurde das Verhalten verschiedener Systeme untersucht. Außerdem werden Hypothesen zur Genese karbonatitischer Magmen gegeben.

Zur Unterscheidung von Karbonaten magmatogener und sedimentärer Herkunft können Isotopenzusammensetzungen des Sr als Anzeiger für geologische Prozesse gut verwendet werden.

Auf leider nur wenigen Seiten wird in diesem Teil ein Überblick über die Karbonatitarbeiten sowjetischer Autoren gegeben. Diese vertreten oftmals gegenüber den amerikanischen und westeuropäischen Autoren die Ansicht einer metasomatischen Herkunft, die nach der Theorie von Korshinsky auf der unterschiedlichen Beweglichkeit der Elemente basiert.

Teil IV hat ökonomische Aspekte zum Hauptinhalt. Mit den Karbonatitkomplexen sind wertvolle Minerallagerstätten verbunden; sie können Anreicherungen der Elemente F, P, Sr, Nb, Ba, Zr, Y und seltene Erden enthalten. Lokal kann man auch solche von V, Cu, Zn, Mo, Pb, Th, U antreffen.

Im Teil V bringt Gittins eine Zusammenstellung nebst geologischen Beschreibungen der afrikanischen, europäischen (einschließlich der UdSSR) und der amerikanischen Lagerstätten in Karbonatitkomplexen. Er verbindet sie mit Angaben über Mineralvorkommen und Lagerstätten. Eine straffe Ordnung nach Kontinenten und Ländern erleichtert neben geographischen und geologischen Skizzen das Auffinden der einzelnen Komplexe.

Ein ausführliches Literaturverzeichnis mit über 700 Angaben und ein Sachwortverzeichnis finden sich am Ende des Buches. Es ist besonders hervorzuheben, daß ein großer Teil der bisherigen Veröffentlichungen über die Karbonatite in diesem Kompendium inhaltlich gut und sachlich geordnet dem Leser zur Information unterbreitet und zur Diskussion gestellt wird. B. Schirmer

Mathé, G.

Die Metabasite des sächsischen Granulitgebirges

Leipzig: VEB Deutscher Verlag für Grundstoffindustrie „Freiberger Forschungshefte“, C 251, 1969. 130 S., 19 Abb., 9 Tab., 44 Taf., 29,30 M

Das sächsische Granulitgebirge bietet den für mitteleuropäische Verhältnisse seltenen Vorzug, daß in einer Reihe ausgezeichneter Aufschlüsse ein sehr tiefes Anschnittsniveau (Krustenbasis, Teile des oberen Mantels) zugänglich ist. In petrogenetischer und lagerstättenkundlicher Sicht sind die basischen und ultrabasischen Gesteinsserien in diesem metamorphen Verband von besonderem Interesse; sie waren das Bearbeitungsobjekt des Verf.

Auf der Grundlage einer selektiven Revisionskartierung sowie petrographischer und geochemischer Untersuchungen unterscheidet der Verf. zwei genetisch und mineralfaziell grundsätzlich verschiedene Metabasittypen.

1. Randmetabasite: dioritische, gabbroide und bronzitserpentinitische Gesteine, die nach der granulitfaziellen Metamorphose in dem Diskontinuitätsbereich zwischen Granulitkern und Schiefermantel Platz griffen.

2. Intragranulitische Metabasite: im wesentlichen Granatserpentinite mit Granatpyroxeniteinlagerungen (Pyrigarnite) und Plagioklas-Zweipyroxen-Granulite (Pyriklasite) von unterschiedlicher Genese.

Das Schwergewicht der Arbeit liegt auf der Gruppe der intragranulitischen Metabasite, für deren granatserpentinitischen und massigen pyriklasitischen Vertreter der Verf. auf Grund von mineralfaziellen Überlegungen granatperidotitische Ausgangsgesteine des Oberen Mantels annimmt. Ihre Platznahme erfolgte auf tektonischem Weg durch Einschuppung. Dagegen führt der Verf. die mit hellen Granuliten alternierenden lagigen Pyriklasite auf mergelige Einschaltungen im Paragesteinskomplex des Granulitkörpers zurück, der unter den pt-Bedingungen der Orthopyroxen-Plagioklas-Granulit-Subfazies gebildet wurde. Die variszische Orogenese bewirkte an den hochmetamorphen Gesteinen retrograde Veränderungen in Almandin-Amphibolit-Fazies.

Mit dieser umfassenden Arbeit wird nicht nur unsere Kenntnis über die Geologie des sächsischen Granulitgebirges im speziellen erweitert, sondern auch ein wesentlicher Beitrag zur Erforschung subkrustaler Bereiche im internationalen Rahmen geleistet. Eine sorgfältigere Korrektur der Druckfahnen hätte diesem gehaltvollen Freiberger Forschungsheft zum weiteren Vorteil gereicht. H. U. Thieke

Gocht, W.

Der metallische Rohstoff Zinn
Produktion und Marktverhältnisse auf dem Weltmarkt

Berlin: Duncker & Humblot Verlag 1969. Volkswirtschaftliche Schriften, H. 131. 260 S., 25 Abb., 36 Zahlentaf., brosch. 56,60 DM

Mit dieser Arbeit wird von einem Geologen für den Rohstoff Zinn eine Monographie mit geologisch-ökonomischem Charakter vorgelegt, die dem Informationsbedürfnis bei Entscheidungsvorbereitungen in der Rohstoffversorgung Rechnung tragen will. Der Autor stellt seiner Marktbetrachtung eine Übersicht der wichtigsten Zinnlagerstättenprovinzen der Welt mit genetischer und stratigraphischer Klassifizierung voran, die durch eine knappe Beschreibung von Einzelvorkommen außerhalb der Zinnprovinzen ergänzt wird. Dieses geologische Kapitel informiert über das lagerstättenkundlich Wesentlichste in regionaler Sicht ohne Detailtreue.

Überprüfbare Fakten erweisen sich gelegentlich, wie im Falle der erzgebirgischen Lagerstätten, durch geologisch-geographische Fehleinordnungen als Ausdruck gewisser Oberflächlichkeit, wodurch der Zuverlässigkeitswert dieser Arbeit zumindest im geologischen Teil leidet. Das Eindringen z. B. in tektonische und genetische Probleme wird zugunsten der Ausführlichkeit des wirtschaftlichen Teils vermieden. Kurzen erkundungsmethodischen Bemerkungen, einer Übersicht der internationalen Vorratsklassifikationen und einer Zusammenstellung der Zinnreserven der wichtigsten Erzeugerländer der Welt folgt eine Behandlung der Gewinnungsverfahren. Es wird dabei auf die üblichen Abbaumethoden der Berg- und Seifenzinnlagerstätten eingegangen und die Aufbereitungsmethodik umrissen. Ohne modernste Verfahren zu berücksichtigen, wird das Wesentlichste zur Verhüttung und Raffination von Zinnsteinkonzentraten erwähnt. Dabei findet auch die zunehmende Zinnrückgewinnung Erwähnung. Ausführlicher behandelt der Autor die Zusammenstellung der Zinnhütten, ihre Standortbedingungen, ihre Kapazitäten und die Rohstoffversorgung.

Im 3. Kap. untersucht der Verf. die Faktoren der bergbaulichen Produktion unter politökonomischem Aspekt. Bei Vermeidung MARXscher Begriffsbestimmungen läßt sich in dieser „Analyse" eine gewisse und in solchen Fällen übliche Verwirrung des Charakters der kapitalistischen Produktion nicht verhindern. Interessant sind davon Angaben, die einen Einblick in die organische Zusammensetzung der verschiedenen kapitalistischen Bergbau- und Aufbereitungsbetriebe und Betrachtungen über die Bauwürdigkeit von Lagerstätten in Abhängigkeit von nationalen Produktionsbedingungen ermöglichen. Von Bedeutung ist die Abhandlung über die Kosten der Zinnproduktion und ihre Einflußfaktoren unter kapitalistischer Produktionsweise.

Der zweite Hauptteil behandelt den internationalen, kapitalistischen Zinnmarkt. Mit Kapiteln zur historischen Entwicklung des Marktes, zu den internationalen Zinnabkommen, zur morphologischen Struktur des Marktes und zur Preisbildung auf dem Zinnmarkt widmet sich der Autor mit Ausführlichkeit der Verarbeitung einer Literatur- und Faktenfülle, wodurch dieser Hauptteil einen großen Informationswert besitzt.

Trotz der häufig unwissenschaftlichen Auslegung und Bewertung politökonomischer Erscheinungen, wie beispielsweise einer verbrämten Darstellung der Marktkonsequenzen der Verstaatlichung der bolivianischen Zinnindustrie, enthält der zweite Hauptteil einen hohen Anteil objektiver Informationssubstanz. F. VOLLRATH

Autorenkollektiv

Die Methoden der Suche von Uranlagerstätten

Moskau: Verlag Nedra 1969. 392 S., 2,89 Rb.

Der steigende Bedarf an spaltbarem Material, insbesondere für die Zwecke der Kernenergiewirtschaft, verlangt die systematische Erweiterung der mineralischen Rohstoffgrundlage zur Urangewinnung. In der Gesamtheit der geologischen Sucharbeiten auf Uran nehmen die radiometrischen und geochemischen Methoden den führenden Platz ein. Mit ihrer Hilfe sind die meisten Uranlagerstätten entdeckt worden.

In den letzten 10 bis 15 Jahren ist die Literatur über die Methoden der Suche und Erkundung von Uranerzen ziemlich umfangreich geworden und hat eine gewisse Vollständigkeit erreicht. Wie der Vergleich der sowjetischen und der sonstigen Literatur zeigt, befinden sich die Methodik und Technik dieser Arbeiten in der UdSSR auf hohem Niveau. Mehr noch, bei einigen wichtigen Verfahren und Arbeitsrichtungen gebührt sowjetischen Wissenschaftlern zweifellos die Priorität (Entwicklung und Anwendung der γ-Bohrlochmessung und der -Probenahme für die Zwecke der Vorratsberechnung; Thoron-, Aktinon- und Heliummethode; lithochemische Suchmethoden und andere).

Allerdings fehlen in der Literatur umfassende Monographien, die das gesamte Problem der Suche von Uranlagerstätten darstellen. Das vorliegende Buch erläutert im 1. Teil (290 S.) die modernen Methoden zur Suche und im 2. Teil (100 S.) die Verflechtung dieser Methoden entsprechend den geologischen, geomorphologischen, bioklimatischen und anderen natürlichen Verhältnissen. Von anderen Büchern mit ähnlichem Inhalt unterscheidet es sich vor allem dadurch, daß erstmalig die Probleme der Suche nach verdeckten oder verborgenen Lagerstätten systematisch dargestellt werden. Damit wird dem bekannten Umstand Rechnung getragen, daß in vielen Gebieten kaum noch Lagerstätten zu entdecken sind, die bis an die Tagesoberfläche oder in ihre unmittelbare Nähe ausstreichen.

Das Buch ist die neueste zusammenfassende Darstellung. Es wurde von bekannten Spezialisten geschrieben. Es wird unter Geologen, Geophysikern und Bergleuten zahlreiche aufmerksame Leser finden. K. KÖHLER

PETKEWITSCH, G. I., & T. S. WERBIZKIJ

Akustische Untersuchungen von Gesteinen in Erdölbohrungen

Kiew: Verlag Naukowa Dumka 1970. 128 S., 8 Abb., 196 Lit., 3 Tab., 0,82 Rb.

Im Mittelpunkt des Werkes steht das Vorhaben, die Gesteinseigenschaften von Erdölspeichern mit Hilfe akustischer Bohrlochmessungen umfassender zu bestimmen. Einer kurzen Einführung über die Entwicklung akustischer Verfahren, vornehmlich in der Sowjetunion, folgt eine ausführliche Behandlung der akustischen Eigenschaften mehrphasiger belasteter Systeme auf der Grundlage von theoretischen Überlegungen und Laboruntersuchungen. Dieser Teil schließt mit der Aufstellung von Zusammenhängen zwischen den akustischen und den geologischen Eigenschaften des Gebirges ab.

Es folgt eine Darstellung der Besonderheiten, die durch die Störung des natürlichen Gesteinsverbands durch das Bohrloch bedingt sind (Spannungszustand im unzerstörten und im gestörten Gebirge, radialer Geschwindigkeitsgradient, Zusammenhang zwischen Spannungszustand und elastischen Eigenschaften u. a.).

Methodische und apparative Fragen werden im 4. Teil behandelt. Hierzu gehören vor allem technisch-methodische Voraussetzungen, Sondenlängen, Aufzeichnungstechniken, Ausgliederung der interessierenden Parameter aus dem Wellenzug, Interpretation der Ergebnisse und Fehlerdiskussion. Den Schluß bildet eine Einschätzung der Perspektive dieser Verfahren, die a) die Voraussetzungen für einen erfolgreichen Einsatz, b) die Notwendigkeit einer besseren Ausschöpfung der bereits vorhandenen Möglichkeiten und c) neuzuentwickelnde akustische Bohrlochmeßverfahren beinhaltet.

Die Arbeit informiert umfassend über die Grundlagen der akustischen Bohrlochmessung, ohne sich in Nebensächlichkeiten zu verlieren. Ein besonderer Vorzug des Werkes besteht darin, daß viele sowjetische Einzelarbeiten verwertet werden, die dem ausländischen Interessenten im Original nur schwer bzw. überhaupt nicht zugänglich sind.

R. SCHMELING

W. COCHRAN

Lunar Science Conference: Apollo 12

„Geotimes", Jg. 16, Nr. 2, 24.—28. Febr. 1971

Vom 11. bis 14. Jan. 1971 trafen sich in Houston 718 Wissenschaftler, um auf Grund der Untersuchungsergebnisse der zusätzlichen Proben von Apollo 12 ein immer klareres Bild von der Entstehung, Entwicklung, Struktur und den Bildungsvorgängen des Mondes zu entwickeln.

In großen Zügen wurde folgende Auffassung erarbeitet: Der Mond entstand vor etwa $4,6 \times 10^9$ Jahren zusammen mit der Erde durch Zusammenballung von Materie. Die Mare, die durch späteren Aufprall von Himmelskörpern entstanden, füllten sich mit Laven, die bis etwa $3,5 \times 10^9$ Jahre in Erscheinung traten. Etwa um $3,3 \times 10^9$ Jahre entwickelte der Mond vermutlich infolge der radioaktiven Wärmeerzeugung einen flüssigen Kern und erhielt ein magnetisches Feld. Später kam die Wärmeentwicklung zum Stillstand, und der Mond erreichte einen Zustand relativer Ruhe, während die Entwicklung auf der Erde noch weitergeht.

Weiterhin verstärkt sich die Erkenntnis, daß auf dem Mond kein Leben existierte, obwohl Kohlenstoffverbindungen beobachtet wurden. Der Mond hat kein Wasser und hat auch niemals nennenswerte Wassermengen besessen. Einschläge von Mikrometeoriten scheinen weniger wichtig, als man zuerst annahm, jedoch dürfte der Sonnenwind von größerer Bedeutung sein.

Nach Auffindung des Mondgesteins 12013 nehmen Petrologen an, daß durch Differentiation entstandene granitische Gesteine noch aufgefunden werden können. Daraus würde sich ergeben, daß auch auf der Erde granitische Gesteine durch magmatische Differentiation entstanden sein können.

Die Frage der Granitentstehung wird als einer der Gründe bezeichnet, warum die Untersuchung des Mondes notwendig erscheint. Ein weiterer Grund war die Feststellung der Nichtmischbarkeit in einigen Mondgesteinen von Apollo 11, die E. ROEDDER und P. WEIBLEN gelang. Es ist bemerkenswert, daß inzwischen auch an irdischen Basalten eine Nichtmischbarkeit beobachtet werden konnte. Da die genaue Kenntnis geologischer Prozesse letztlich zur Feststellung von Anreicherungen mineralischer Rohstoffe führen kann, ist ihr Studium für die Aufsuchung von Mineral- und Erzlagerstätten unerläßlich.

Obwohl die Untersuchung der Mondgesteine zur Auffindung von Lagerstätten auf der Erde führen kann, ist sie weniger höffig für Mondlagerstätten. Das ist vor allem auf das Fehlen von Wasser in jeder Form auf dem Mond zurückzuführen. Auch das Fehlen von genügend Sauerstoff in den Mondgesteinen, das sich aus der Wirkung von Wasserstoff im Sonnenwind ergibt, führt zu stark reduzierenden Kristallisationsbedingungen. Die Ausgangsmagmen der Apollo-12-Gesteine waren sehr arm an Schwefel und enthielten Eisen in reduzierter Form. Gegenüber den titanreicheren Gesteinen von Apollo 11 zeigten die Apollo-12-Gesteine mit 2,5—3,5% TiO_2 erheblich weniger Titan.

Nach A. L. TURKEWITCH wurden in dem feinen Material von fünf verschiedenen Maren im wesentlichen basaltische Gesteine festgestellt, die jedoch im Vergleich zu irdischen Basalten durch niedrigen Natrium- und hohen Titangehalt auffallen. In dem von Surveyor 7 studierten Gebirgsland zeigten sich Gesteine mit weniger Titan und Eisen sowie mehr Aluminium und Kalzium, die vermutlich viel Anorthit, wenig Kieselsäure und etwas Olivin enthielten.

Mit großem Interesse wurde die Mitteilung von A. P. WINOGRADOW aufgenommen, der über die Untersuchung der von Luna 16 entnommenen automatischen Probe berichtete. Der Probenehmer hatte 35 cm Lockermaterial im Gewicht von 101 g gewonnen. Zusammensetzung und Alter der Gesteinsproben der sowjetischen Sonde stimmen etwa mit den Proben von Apollo 11 und 12 überein.

Die petrographische Untersuchung der Mondgesteine hat vor allem porphyritische, körnige und ophitische sowie intersertale Basalte ergeben. Noch immer ist die Annahme, daß der Mondstaub älter ist als die Gesteine, aus denen er entstanden ist, ungeklärt. Man hat an eine aus dem Sonnenwind stammende hoch radioaktive Substanz in dem Mondstaub gedacht, diese jedoch noch nicht nachweisen können. Eine andere Deutung der anomalen Lagerung älteren Staubs auf jüngeren Gesteinen besagt, daß infolge eines Meteoriteneinschlags basaltische Lava die Mare ausfüllte. Dabei wurde eine ältere Mondschicht vom Typ D teilweise aufgeschmolzen, drang in Abkühlungsspalten nach oben und bedeckte die Mondoberfläche als Lage von Tuffen, Brekzien und Gläsern.

In den groben Anteilen des Mondbodens von Apollo 12 fällt ein K- und P-reiches Material auf, das sich durch außergewöhnliche Werte an Seltenen Erden auszeichnet. Der Apollo-12-Mondstaub besteht aus 40% Brekzien, 28% Eruptivgestein Typ 1, 27% Eruptivgestein Typ 2 und 5% Anorthosit. Es wurden drei Arten hellgefärbter Gesteine beobachtet, am häufigsten rekristallisierte Brekzien in der Zusammensetzung von Norit bis zum gabbroiden Anorthosit, ferner seltener grobe Ca-Plagioklas-Brekzien und noch seltener Kalium-Rhyolithe.

Manche Apollo-12-Eruptiva zeigten natürlichen remanenten Magnetismus, der vor etwa $3{,}5 \times 10^9$ Jahren entstanden sein müßte, als der Mond einen flüssigen Kern besaß und einen sehr differenzierten Körper darstellte.

Die von Apollo 12 aufgestellten Seismometer haben in den ersten acht Monaten ihrer Bereitschaft 208 natürliche Ereignisse und zwei menschliche Einwirkungen aufgezeichnet. Bei den natürlichen Ereignissen ließen sich Mondbeben von Meteoriteneinschlägen unterscheiden. Die auf eine Gezeitenwirkung in der äußeren Mondkruste zurückgeführten Mondbeben haben sich in zehn verschiedene Typen gruppieren lassen. Da die Beben unter der Größe 2 nach der RICHTER-Skala liegen, ist die seismische Aktivität des Mondes im Vergleich mit der Erde als gering zu bezeichnen.

Nach dem optischen Befund des Mondes werden Ablagerungen in der Dampfphase als wichtigster Prozeß an der Mondoberfläche betrachtet. Aus der glasigen Beschaffenheit des Mondstaubs mit Schockanzeichen wird auf Verdampfung und Aufschmelzung durch ungehemmten Meteoritenaufschlag geschlossen. Dem Sonnenwind wird gleichfalls eine wichtige Rolle zuerkannt.

Besonders interessant waren auch die Ergebnisse der Untersuchung kosmischer Strahlung. Hatte man in dem Material der Surveyor-3-Sonde, das 2,5 Jahre auf dem Mond gelegen hatte, eine Spurendichte von $10/cm^2$ erwartet, so wurden erstaunlicherweise $10^6/cm^2$ gefunden. In Apollo-12-Gesteinen wurden Spuren solarer und galaktischer Strahlung der Eisengruppe beobachtet, die Bestrahlungsdauern von weniger als 10000 bis etwa 30 Mill. Jahre errechnen lassen. Während die meisten Proben nur in einer Position an der Mondoberfläche gelegen haben, lassen manche erkennen, daß sie einmal oder mehrfach bewegt wurden.

Aus der Messung spektraler Reflexion und den Mondproben von Apollo 11 und 12 ergibt sich, daß die Mare gesteinsmäßig gleichartig aufgebaut sind und daß die Gebirgsländer aus Gabbros und Anorthositen bestehen. Mit zunehmendem Alter dunkeln stellenweise lichte Krater und strahlenartige Störungen in den Maren durch von Meteoritenaufprall bewirkte Verglasung und Vermischung mit dem umgebenden Gestein. Im Gebirgsland dunkeln jedoch lichte Krater und strahlenartige Störungen vor allem durch Vermischung mit eisen- und titanreichem Material der Mare und anschließender Verglasung.

H. REH

MURAWSKI, H. (Hrsg.)

Deutsches Handwörterbuch der Tektonik

Bearbeitet von der Deutschen Tektonischen Kommission in der Deutschen Geologischen Gesellschaft, herausgegeben von der Bundesanstalt für Bodenforschung, 1. und 2. Lieferung, Hannover 1968 und 1969

Die Deutsche Tektonische Kommission in der Deutschen Geologischen Gesellschaft legt mit dem „Deutschen Handwörterbuch der Tektonik" ein breit aufgebautes Wörterbuch für die im deutschen Sprachgebrauch üblichen tektonischen Termini vor, das nach seiner Fertigstellung etwa 2000 Begriffsdefinitionen umfassen soll. Das unter der Leitung von Prof. Hans MURAWSKI stehende Herausgeberkollektiv gliedert das als Loseblattsammlung angelegte Werk in Definitionsblätter. Ein jedes dieser Blätter weist die sechs Rubriken Etymologie, Erstdefinition, heutiger Gebrauch, Bemerkungen, Stichworthinweise und Literatur auf. Es werden vier Arten von Stichwörtern unterschieden: Sammelstichwörter (= übergeordnete Begriffe), Hauptstichwörter, Nebenstichwörter und Hinweisstichwörter. Zahlreiche Begriffe werden durch Skizzen erläutert. Entsprechend der personellen Zusammensetzung des Arbeitsausschusses der Kommission berücksichtigt das Wörterbuch folgende Sachgebiete: allgemeine Tektonik, alpine Tektonik, Bergbau und Tektonik, Faltung, Gefügekunde, Kleintektonik, Rheologie und Felsmechanik, Salztektonik, saxonische Tektonik, Schieferung, tektonische Statistik, Geophysik und Tektonik, tektonische Theorien und Hypothesen.

Die Lieferungen beginnen mit einer alphabetisch geordneten Übersicht der bearbeiteten Stichwörter, aus der zugleich die Einstufung der Stichwörter in eine der vier genannten Gruppen hervorgeht. Eine Liste der Synonyma und der heute ungebräuchlichen Termini fehlt. Leider werden die den deutschen Begriffen entsprechenden Bezeichnungen in den Weltsprachen nicht angeführt, worauf eigentlich nicht verzichtet werden sollte. Der Titel „Deutsches Wörterbuch" bedeutet nicht, daß nur die im deutschen Sprachraum geprägten Begriffe dargestellt werden. Nicht wenige Begriffe, die außerhalb des deutschen Sprachgebiets entstanden, werden mit ihrer ursprünglichen Definition gebracht.

Den Literaturzitaten kann man entnehmen, daß bei der Auswertung der neueren Literatur die westdeutschen Publikationen bevorzugt werden. Soweit aus den bisherigen Lieferungen hervorgeht, wird der sich außerhalb der BRD vollziehenden Entwicklung der tektonischen Begriffe nicht genügend Aufmerksamkeit geschenkt. Dies trifft besonders für die Abschnitte „Heutiger Gebrauch" zu. So werden für die Definition des Flyschs aus der Fülle der publizierten Arbeiten nur vier ausgewählt, und an ihrem Beispiel wird der heutige Gebrauch des Begriffes Flysch abgeleitet. Im Definitionsblatt „Decke" erarbeitete die Kommission einen Vorschlag für eine neue Definition. Die Wertung dieser Definition als „Vorschlag" zeigt, daß die Kommission keine Standards geben will. Die Verwendung mehrdeutiger Begriffe soll wohl eingeschränkt, nicht aber verbindlich geregelt werden.

Die Sammeldefinitionen bieten den breitesten Ansatz zu Ergänzungen. Als Beispiel sei die Sammeldefinition „Falte" genannt. Das Blatt verzeichnet eine große Anzahl von Stichwörtern, die der Beschreibung von Falten und ihrer Raumlage dienen. Trotzdem ist die Zusammenstellung unvollständig. Es fehlen z. B. die Hinweise auf Faltenachsenfläche, Faltenachsenspur, Axialgefälle, Faltenbreite, Muldenboden, Muldenfläche, Muldenlinie, Muldenschluß, Sattelschluß, Scheitelfläche, Öffnungswinkel, Aufrichtungswinkel, antiform und synform. Der Begriff der Falte wird nur vom

Orogen aus betrachtet. Für außerhalb der Orogene entstandene Krümmungen fanden die Bezeichnungen Anteklise, Syneklise, Plakantiklinale, Monoklinale, Wall, Strukturnase und Strukturnische Eingang in die deutschsprachige Literatur. Diese Begriffe sollten daher unter die Stichworte der Sammeldefinition „Faltentypen" aufgenommen werden. Unter diesen Stichworten werden ferner vermißt: isopache und anisopache Falten, Rundfalten, Knickfalten, Scharnierfalten, gewölbte Falten, lineare Falten, Vorhangfalten, Gleitfalten.

Die Sammeldefinition „Kluft" ist unvollständig, da sie die Begriffe zur Kennzeichnung von Kluftflächen nicht berücksichtigt. Natürlich hat BANKWITZ erst 1966 („GEOLOGIE", **15**, 1966, S. 896—941) die Systematik der Kluftflächenstrukturen publiziert und eine Anzahl von Begriffen aus dem Englischen ins Deutsche übertragen, während das Definitionsblatt die Jahreszahl 1965 trägt. Das Beispiel wurde aber dennoch angeführt, um zu belegen, wie sinnvoll die ergänzbare Loseblattsammlung für ein derartiges Wörterbuch ist.

Trat ein Bedeutungswandel für einen Begriff ein, so sollten stets die alte und die neue Definition gegeben werden. So ist dem Definitionsblatt „autochthone Klippe" nicht zu entnehmen, daß die Begriffe autochthone Klippe sensu UHLIG und sensu LOTZE keine Beziehungen zueinander haben. Der Begriff „authochthone Klippe" im Sinne von UHLIG sollte keine Verwendung mehr finden (ANDRUSOW & SCHEIBNER 1968). Vielleicht könnte man auch ungebräuchliche, überflüssige oder einem Bedeutungswandel unterlegene Begriffe mit Symbolen auf den Defintionsblättern belegen. Zu den überflüssigen Begriffen gehört die Streichrichtung „halensisch", da es die namensgebende tektonische Struktur „Hallesche Mulde" überhaupt nicht gibt (SCHWAB 1965).

Einige tektonische Begriffe besitzen stratigraphische Synonyme. Hierauf sollte in den Bemerkungen hingewiesen werden. Als Beispiel möge der Begriff „Saxonien" gelten. „Frankonisch" ist sowohl die Bezeichnung für eine Streichrichtung als auch für eine Faltungsphase.

Sehr zu begrüßen ist das Bemühen, die Erstdefinitionen für die Begriffe zu ermitteln und die Wiedergabe dieser Definitionen. Diese Arbeit trägt sehr zur Klärung terminologischer Fragen bei.

Wenn in dieser Besprechung Kritik an einigen Details des im ganzen ausgezeichneten Handwörterbuchs geübt wurde, so wurde der Aufforderung des Herausgebers gefolgt, der eine konstruktive Kritik für sehr wünschenswert hält. Er schreibt im Vorwort u. a.: „Jedes Mitglied der Kommission ist sich bewußt, daß ein solches Buch eine Aneinanderreihung von Kompromissen darstellt." Den Mitgliedern der Kommission ist bei der Erarbeitung dieses nützlichen und notwendigen Werkes weiterhin Erfolg zu wünschen, und es ist sehr zu hoffen, daß bald alle geplanten Lieferungen vorliegen werden.

M. SCHWAB

BILKENROTH, G. (Hrsg.)
HÖFER, K.-H. (Bearb.)

Bericht über das 10. Ländertreffen des Internationalen Büros für Gebirgsmechanik

Berlin: Akademie-Verlag 1970. 804 S., 551 Abb., 37 Tab., 2 Formblätter, Leder 148,— M

Das 10. Ländertreffen des Internationalen Büros für Gebirgsmechanik (IBG) fand vom 27. bis 31. 10. 1968 in Leipzig unter dem Rahmenthema „Wissenschaftliche Entwicklung der Gebirgsmechanik in den letzten 10 Jahren" statt. Unter Teilnahme bedeutender Wissenschaftler auf dem Gebiet der Gebirgs- und Felsmechanik aus 19 Ländern wurde in vier Themengruppen referiert und diskutiert, so daß insgesamt ein umfassender Überblick über die erzielten Ergebnisse und die noch ungelösten Probleme der Gebirgsmechanik gegeben werden konnte.

Das vorliegende Buch enthält neben den einleitenden Begrüßungsansprachen und einem Anhang mit Arbeitsrichtlinien, Arbeitsprogramm und Abschlußprotokoll einen umfangreichen Hauptteil, der entsprechend den vier Themengruppen wie folgt untergliedert wurde: 1. Festigkeit von Gestein und Gebirge (251 S.); 2. Messungen der Bewegungen, Verformungen und Spannungen im Gebirge (128 S.); 3. Gebirgsmechanische Modellversuche und Analytik (160 S.); 4. Schlußfolgerungen aus gebirgsmechanischen Erkenntnissen für die Konstruktion und Standfestigkeit von untertägigen Hohlräumen (183 S.).

Speziell wurden in der ersten Themengruppe folgende Fragen erörtert: Bruchtheorien und Grenzhypothesen; Verfahren der Festigkeitsbestimmung; Ergebnisse von Laboruntersuchungen und die Festigkeit beeinflussende Faktoren; Triaxialversuche; rheologisches Verhalten; Bruchformen und Verhalten nach dem Bruch; In-situ-Versuche; Berücksichtigung von strukturellen Gebirgseigenheiten; Anwendungsbeispiele und Gebirgsklassifizierungsprobleme.

Im 2. Komplex standen drei grundlegend verschiedene Meßverfahren im Mittelpunkt: 1. die klassischen markscheiderischen Methoden; 2. Verformungsmethoden; 3. geophysikalische Methoden. Die einzelnen Verfahren und die dazugehörigen Geräte wurden hinsichtlich ihrer Einsatzmöglichkeit und Aussagekraft eingeschätzt.

In der 3. Themengruppe befaßte man sich einmal mit Modelluntersuchungen, andererseits mit den analytischen Untersuchungsmethoden gebirgsmechanischer Probleme. Es kam die immer größer werdende Bedeutung dieser Untersuchungen zum Ausdruck. An Hand von Beispielen aus der Arbeit des IBG wurde auf die Kompliziertheit und Zweckmäßigkeit der Anwendung mathematischer Methoden in der komplexen gebirgsmechanischen Forschung hingewiesen.

Im Bereich der 4. Gruppe kamen Standfestigkeitsprobleme im Bergbau und Probleme des Felsbaus zur Behandlung. Nicht unerwähnt blieben die für die Standfestigkeit wichtigen Probleme der Gebirgsschläge und des Einflusses der Sprengtechnik.

In jeder Themengruppe wurde auf die noch offenen Probleme und die Ansatzmöglichkeiten der zukünftigen Forschung eingegangen. Die auf der Basis von zahlreichen Referaten und den wichtigsten Veröffentlichungen der jüngsten Zeit aufgebauten Generalberichte haben Lehrbuchcharakter.

Insgesamt gesehen fällt auf, daß die für die Gebirgsmechanik äußerst wichtigen strukturellen Eigenschaften des Gebirges und deren Wechselbeziehungen zur Standfestigkeit (u. a.) zwar erkannt, aber etwas stiefmütterlich behandelt wurden. Trotz dieser Einschränkung kann das vorliegende Buch sowohl dem Praktiker, der sich mit gebirgsbzw. felsmechanischen Problemen beschäftigt, als auch dem sich in dieses Gebiet einarbeitenden Lernenden empfohlen werden. Die Einzelbeiträge garantieren dem Leser den neuesten Stand auf dem Gebiet der Gebirgs- und Felsmechanik. Neben Bergleuten werden Markscheider, Geologen, Geophysiker, Felsbauer sowie die auf diesem Gebiet tätigen Theoretiker besonders angesprochen.

Dem Verlag kann man bescheinigen, daß er diese Sitzungsberichte in einwandfreier Drucktechnik, auf gutem Papier und in ansprechender Form dem Leser anbietet.

H. DÖRFER

Autorenkollektiv

Deep Sea Drilling Project: Leg. 14

„Geotimes", Jg. **16**, H. 2, S. 14—17

Das Bohrschiff „Glomar Challenger" begann seine 14. Bohrreise am 9. Oktober 1970 in Lissabon und beendete sie nach einer Fahrt von 10025 km in San Juan auf Puerto Rico. Dabei wurden an den 10 Bohrpunkten 135 bis 144 17 Bohrungen mit Eindringtiefen zwischen 18 und 689 m, insgesamt 5042 m, niedergebracht. Von den insgesamt gekernten 747 m konnten 406,4 m ausgebracht werden, entsprechend einem Kernausbringen von 54,4%. Die Bohrungen wurden in Wassertiefen von 2957 bis 5361 m angesetzt.

Das allgemeine Ziel dieser Bohrreise war das Studium der Strukturen und der Sedimentation entlang den Rändern der Kontinente. Mit den Bohrungen an den Bohrpunkten 135 bis 141 am Kap-Verde-Westhang sollten die Sedimentationsverhältnisse mit denen am Osthang des nordamerikanischen Kontinents verglichen und diapirartige Strukturen kontrolliert, an den Bohrpunkten 142 bis 144 die Ceara-Einebnung und die Nordflanke der Demerara-Erhebung näher untersucht werden.

Von den neuen Erkenntnissen aus den Bohrergebnissen dieser Reise seien angeführt: Basalt, vermutlich aus der 2.

Lage der ozeanischen Kruste, wurde in den Bohrungen 136 bis 138 erreicht. Aus den über dem Basalt liegenden Sedimenten geht ein Alter des Basalts von etwa 110 Mill. Jahren hervor. Vergleicht man dieses Alter mit dem im Bohrpunkt 105 der 11. Bohrreise angetroffenen Basaltalter von 155 Mill. Jahren, so ergibt sich, daß der westliche Atlantik von der älteren Kruste eines Uratlantiks unterlagert wird.

In den Bohrpunkten 135, 136, 138 und 140 zeigten sich im Mittel- und Jungtertiär Sedimentationsunterbrechungen, die in gleicher Weise im westlichen Nordatlantik erkannt worden waren. Eine in der Literatur als Salzdiapir gedeutete Struktur erwies sich als vulkanische Bildung, da in 295 m Tiefe ein serpentinisierter Basalt mit netzartigen Karbonattrümern angetroffen wurde.

Ein wichtiger Reflexhorizont, der in der Ceara-Einebnung in Tiefen von 300 bis 1000 m auftritt, besteht aus geringmächtigen Wechsellagerungen von Kreide und Mergeln mit Turbiditlagen des Obermiozäns oder des Altpliozäns. Der größte Teil der Sedimente dieser Einebnung ist im Jungpliozän abgelagert worden. Auf der Demerara-Erhebung wurden vor der Abtrennung Südamerikas von Afrika marine Sedimente abgelagert.

Auf beiden Abhängen des Atlantiks konnten in Tiefwassersedimenten Flachwasserfossilien beobachtet werden, die vermutlich durch submarine Rutschungen oder Turbidity Currents dahin gelangt waren. Es gelang, im Nannoplankton der Kreide eine feinbiostratigraphische Folge aufzustellen, die sich allgemein verwenden läßt. H. REH

FIEDLER, H. J., & W. HUNGER

Geologische Grundlagen der Bodenkunde und Standortslehre

Dresden: Verlag Theodor Steinkopff 1970. 382 S., 147 Abb., 66 Tab., 44,30 M

Auf 382 Seiten werden von den Autoren, bekannten Wissenschaftlern der Sektion Forstwirtschaft der TU Dresden, die geologischen Grundlagen für die Bodenkunde und Standortslehre dargelegt. Sie konzipieren damit das Maß an geologischem Wissen, das für das Verständnis bodenkundlicher Untersuchungen erforderlich ist. Die mineralogischen (11 S.), petrologischen (61 S.) und stratigraphischen Grundlagen (47 S.) werden übersichtlich und bei der genannten Zielstellung umfassend behandelt, wobei die Verwendung von zahlreichen Tabellen, Diagrammen und Prinzipskizzen hervorzuheben ist. Im Kap. 4 „Die Gestaltung der Oberflächenformen" (38 S.) sind jedoch die für das Verständnis geologischer Entwicklungsprozesse eminent wichtigen geodynamischen Prozesse m. E. zu kurz behandelt worden. Den endogenen Prozessen werden 5 Seiten, den exogenen Prozessen nur 3 Seiten gewidmet. Daran schließt sich eine Beschreibung der Geländeformen an. Bei den Karstlandschaften hätte man stärker auf die Formen, die durch Gips- und Salzauflösung an der Oberfläche hervorgerufen werden und besonders in zahlreichen Bezirken unserer Republik (Halle, Magdeburg, Erfurt, Gera, Suhl) eine große Rolle spielen, eingehen können; denn Karstprozesse im Kalkstein und Dolomit besitzen in unserem Gebiet keine große Bedeutung.

Im 5. Kap. werden die geologisch-geomorphologischen Verhältnisse der Mittelgebirge und Hügelländer (50 S.) und im 6. Kap. die geologisch-geomorphologischen Verhältnisse des Norddeutschen Flachlands (36 S.) behandelt. In einem 7. Kap. wird die Bodenkunde, gegliedert in: Pleistozäne Deckenbildungen im Mittelgebirge — Pleistozäne Deckenbildungen im Hügelland — Pleistozäne Deckenbildungen nördlich der Lößzone — Bodenformen und Bodenformensystematik — Gliederung der Pedosphäre — Bodenformenökologie und Ertrag —, auf 64 Seiten dargestellt. Abschließend werden im 8. Kap. Beispiele von geologischen Kartenwerken und Bodenkarten des deutschsprachigen Raumes genannt. Das Werk wird ergänzt durch umfassende Literaturverzeichnisse zu den jeweiligen Kapiteln.

Abschließend kann gesagt werden, daß es den Autoren gelungen ist, das geowissenschaftliche Grundlagenwissen, das zum Verständnis bodengeologischer Fragen notwendig ist, in gestraffter Form — hervorragend durch Tabellen und Prinzipskizzen unterstützt — darzustellen. Damit steht den in der bodenkundlichen Praxis tätigen Land- und Forstwirten, Geographen, Biologen, aber auch Ingenieurgeologen sowie den Studierenden ein Lehrbuch mit einer Fülle wissenswerten Materials zur Verfügung. MOLEK

KÉZDI, A., & I. MARKÓ

Erdbauten, Standsicherheit und Entwässerung

(Übersetzt von M. MAROSSZÉKI)

Düsseldorf: Werner-Verlag 1969. 403 S., 509 Abb., 82 Tab., geb. 96,— DM

Das umfangreiche und auch in Einzelheiten sehr ausführliche Werk behandelt den Schutz und die Entwässerung von Erdbauten und soll dazu beitragen, daß die in dem Buch dargelegten Erkenntnisse und praktischen Hinweise von der Projektierung bis zur Bauausführung beachtet und damit spätere Schäden an Erdbauten vermieden werden. Das reichhaltige Bild- und Tabellenmaterial erleichtert das Verständnis für die zahlreichen Beispiele, die sowohl für den Entwurf von Erdbauten gelten als auch allgemeine Aufgaben der praktischen Bauausführung im Straßen-, Eisenbahn-, Flugplatz- und Wasserbau behandeln. Die Kapitel 1 bis 4 wurden von A. KÉZDI, die Kapitel 6, 7, 10 und 11 von I. MARKÓ, die Kapitel 8 und 9 von beiden Autoren gemeinsam verfaßt. Das Buch befaßt sich mit Problemen der Bodenmechanik und des Grundbaus sowie mit Aufgaben des Wasser- und Verkehrsbaus. Im einzelnen sind die Kapitel wie folgt zusammengestellt:

Kap. 1: Aufschluß der Bodenverhältnisse. Hier sind vor allem die praktischen Hinweise u. a. für eine Klassifizierung und Identifizierung von Lockergesteinstypen, für bodenmechanische Untersuchungen und für Aufschlußverfahren beachtenswert.

Kap. 2: Standsicherheit der Böschungen. Es werden Einschnitts- und Dammböschungen, Böschungen in Doppelprofilen, Bestimmung der Böschungsneigungen und Böschungen von kleineren Baugruben behandelt.

Kap. 3: Gründung von Dämmen. In diesem Kapitel werden praktische Vorschläge für Gründungsmaßnahmen von Dämmen auf setzungsempfindlichem Untergrund einschließlich Sackungs- und Setzungsberechnungen gegeben.

Kap. 4: Erddruck, Stützmauern. Entwurf und Bau von Stützmauern, Stützkonstruktionen sowie Schadensfälle sind der Hauptinhalt des Kapitels.

Kap. 5: Entwässerung des Geländes. Das Kapitel behandelt ausführlich die Grundbegriffe, dann die Bestimmung der maßgebenden Hochwassermenge, die Entwässerung von Erdbauten mit offenen Gerinnen und Grabenbekleidungen.

Die Kapitel 6 bis 11 haben folgende Probleme zum Inhalt: Sicherung von Ufererdbauten, Regulierung kleiner Wasserläufe, Entwässerung des Untergrunds, Wasserhaltung und Grundwasserabsenkung, Entwässerung von Verkehrswegen und Terrainregulierungen. H. KADO

GRASSHOFF, M., P. SIEDECK & G. KÜBLER

Bautechnische Tabellensammlung, Band II
Erd- und Grundbau
Teil 4: Stützbauwerke, Böschungen, Flächengründungen

Düsseldorf: Werner-Verlag 1970. VIII, 256 S., 143 Abb., 32 Tab., Balacron 49,— DM

Der vorliegende 4. Teil schließt die umfangreiche Tabellensammlung „Erd- und Grundbau" ab. Wie bei den anderen drei Teilen wurde auch hier auf die bewährte Darstellung und Aufteilung des Stoffes zurückgegriffen. Einzelne Abschnitte einschlägiger DIN-Vorschriften, Richtlinien und Empfehlungen sind nach bestimmten Anwendungsgebieten in den entsprechenden Kapiteln des Buches zusammengestellt worden. Zahlreiche Tabellen, Diagramme und zeichnerische Konstruktionsregeln ergänzen den Text.

Der Inhalt gliedert sich in die drei Hauptteile: Stützbauwerke, Standsicherheit von Böschungen und Berechnung von Flächengründungen. Im ersten Kapitel werden Probleme des Entwurfs und Baues von Stützmauern, Spundwandbauwerken und Pfahlrostbauwerken verschiedener Ausführung sowie von Dalben behandelt.

Das zweite Kapitel umfaßt Berechnungsverfahren zur Ermittlung der Standsicherheit von Böschungen unter Berücksichtigung verschiedenartiger Untergrundverhältnisse und verschiedener Reibungs- und Kohäsionsbedingungen des Böschungsmaterials, Ausführungen über die Wirkung des Wassers, über die Ermittlung des kritischen Gleitkreises, der Scherparameter, der Sicherheit und über die Wahl der Berechnungsmethoden.

Das letzte Kapitel ist der Berechnung von Flächengründungen gewidmet, wobei nach einer Darlegung der statischen Grundlagen und Berechnungsverfahren umfangreiche Berechnungshinweise und Hilfsmittel (Formeln, Tabellen, Nomogramme, Einflußlinien) im wesentlichen für die Fälle gegeben werden, die allgemein in der Praxis auftreten können. H. KADO

Autorenkollektiv

Kleines Handbuch der Schieß- und Sprengarbeiten in Bohrlöchern

Moskau: Verlag Nedra 1970. 248 S., 97 Abb., 97 Tab., 33 Lit., 0,90 Rb.

Nachdem die sowjetische Fachliteratur schon seit Jahren in großem Umfang Einzelarbeiten bohrlochsprengtechnischen Inhalts sowie eine Anzahl einschlägiger Handbücher und Monographien (z. B. LOWLJA u. a. 1959, POMETUN & WIZENI 1964, WIZENI 1965 über Jetperforation, BAUM & DERSHAWEZ 1969 über temperaturstabile Bohrlochsprengmittel) hervorgebracht hat, liegt mit diesem unter der Redaktion von N. G. GRIGORJAN geschriebenen Werk nunmehr ein Überblick über das hier sehr breit aufgefaßte Gesamtgebiet vor. Das Autorenkollektiv setzt sich mit GRIGORJAN, DERSHAWEZ, TER-GRIGORJAN, WIZENI, POMETUN, BRODSKIJ, FRIDLJANDER und anderen aus der Elite der sowjetischen Fachleute zusammen.

Behandelt werden in 8 Kapiteln: Wirkung, Zündung, Lagerung und Transport der Sprengmittel; Kernschieß- und Kabeltestgeräte; Jet-, Kugel- und Torpedoperforatoren; Torpedierung; Kabel und sonstige Zusatzausrüstungen für Bohrlochsprengarbeiten; eine Einführung in die Gesteinsmechanik sowie Tiefbohr-, Spülungs- und Zementationstechnik; Technik, Technologie und Dokumentation der Ladevorgänge der Schießapparate; Organisation, Technologie, Dokumentation und technische Sicherheit bei Bohrlochschießarbeiten. Entsprechend dem Charakter des Handbuchs bieten diese reichlich illustrierten und mit vielen umfangreichen Tabellen durchsetzten Ausführungen im allgemeinen nicht grundsätzlich Neues, sondern vielmehr einen knappen, aber instruktiven Überblick, der naturgemäß auf die in der Sowjetunion produzierten und eingeführten Sprengmittel, Geräte und Ausrüstungen ausgerichtet ist.

Im Anhang bieten 10 Tabellen ausreichende Information über die elastischen Eigenschaften, Dichten, Kompressibilitäten und andere im Zusammenhang mit dem behandelten Gebiet interessierende Eigenschaften von Sprengstoffen, Isoliermaterialien, Metallen usw.

Der deutsche Leser vermißt — wie in allen sowjetischen Fachbüchern — ein alphabetisches Register. Dessenungeachtet dürfte das Werk seine in der Einführung erläuterte Aufgabe, den Mitarbeitern des Bohrlochschießwesens und besonders den Leitern der Perforationsgruppen ein Ratgeber bei der täglichen Arbeit zu sein, voll und ganz erfüllen.

K. LEHNERT

CHURGIN, J.

Formeln — und was dann?

Berlin: VEB Verlag Technik 1970. 552 S., 140 Abb., 12 Taf., Halbleinen 9,— M

Die Einführung mathematischer Methoden hat in den letzten Jahren auch auf solchen Wissensgebieten erhebliche Fortschritte gemacht, die bisher als wenig geeignet für ein mathematisches Durchdringen gehalten wurden. Dazu gehört neben der Biologie, der Medizin, der Ökonomie — um nur einige zu nennen — auch die Geologie. Dieser Prozeß schreitet, objektiv bedingt, unaufhaltsam fort. Aus dieser Tatsache heraus ergibt sich eine immer enger werdende Zusammenarbeit zwischen Fachspezialisten und Mathematikern.

Es ist das Anliegen des Verf., durch sein Buch mit dem Titel „Formeln — und was dann?" in unkomplizierter Art und Weise die zur Verständigung zwischen Vertretern der verschiedenartigen Fachdisziplinen und Mathematikern erforderlichen Voraussetzungen zu schaffen. Er spricht mit Geologen, Biologen, Nachrichtentechnikern, Ärzten, Technologen und Ökonomen über die Mathematik und ihre Beziehungen zu anderen Wissenschaften. Einige für die praktische Tätigkeit wichtige mathematische Begriffe werden allgemeinverstandlich dargelegt. Reichhaltig und witzig illustrierte anschauliche Beispiele bringen selbst schwer erklärbare Dinge dem Leser nahe.

Für das vorliegende Buch schöpft der Autor aus seinen Erfahrungen als Professor am Moskauer Gubkin-Institut für Erdölchemie und Gasindustrie und seinen wissenschaftlichen Arbeiten über die reine und angewandte Mathematik, die Nachrichtentechnik, die Informationstheorie, die Kybernetik, die Neurophysiologie und die Diagnostik.

In den einzelnen Abschnitten werden unter anderem Grundvorstellungen zur stetigen Verformung, zur Graphentheorie, über Fläche und Raum, zur Lösung von Extremwertaufgaben mit Hilfe der Variationsrechnung, zur Lösung von Gleichungen, zur Integralrechnung, zur Optimierung, zum mathematischen Modell, zur Wahrscheinlichkeit und Statistik, zu Irrfahrtproblemen, über Information und über Zeichenerkennung entwickelt. Die in Gesprächsform gehaltenen Darlegungen können und sollen jedoch in jedem Falle nur eine Anregung zur weiteren Beschäftigung mit den angedeuteten Problemen sein. H. KNAPE

AARIO, L., & J. ILLIES

Biogeographie

Braunschweig: Georg Westermann Verlag 1970, aus der Reihe „Das Geographische Seminar". 195 S., 28 Abb., 6 S. Lit., 10 S. Register, 9,80 DM

Die erste Auflage dieses kleinen, nützlichen Buches (1958) ist unter mancherlei Gesichtspunkten neu bearbeitet worden. Dies gilt besonders für den Teil Tiergeographie und ihre praktische Bedeutung. Wer den Standpunkt vertritt, die Probleme der Pflanzengeographie hätten mit denen der Geologie nur nebensächliche Berührungspunkte, zieht nicht in Betracht, mit welchem Nachdruck sich die Geomorphologie als ein Mittel der modernen geologischen Erkundung bedient. Er läßt außer acht, daß der Pflanzenwuchs — nach A. v. HUMBOLDT „Das Hauptbestimmende" der irdischen äußeren Erscheinungen — mit den Fragen der Hydrologie, Hydrogeologie und Ingenieurgeologie in engem Zusammenhang steht.

So sind also insbesondere die Abhandlungen des ersten Teils dieses Buches über die Ursachen der Verbreitung von Flora und Vegetation, Vegetationsgebiete der Erde, floristische Gliederung der Erdoberfläche usw. mit Klima, Belichtung, Feuchtigkeit und Verdunstung auch für Geologen wissenswert. Ingenieurgeologische Fragen werden insbesondere auch gestreift durch die Behandlung der Bioregionen mit Tundra, Taiga, Silvea, Wüste, Litorea usw. Außerdem wird die Palynologie von den modernen Erkenntnissen über Arealtypen mit „Relikten" und „Vorposten" profitieren. Ferner sind die auf Grund von Faunen- und Florenprovinzen angenommenen Konstruktionen ehemals bestehender, heute auseinandergetrifteter kontinentaler Einheiten geologisch interessant und der Diskussion wert.

Der Inhalt gliedert sich klar in Pflanzengeographie und Tiergeographie. Ein umfangreiches, speziell gegliedertes Literaturverzeichnis und ein ausführliches Register beschließen das ansprechend aufgemachte Bändchen.

K. KAUTER

PRESCHER, H.

Die geologische Literatur über Sachsen (1961 — 1965)

Dresden: Verlag Theodor Steinkopff 1969. Abh. Staatl. Mus. Mineral. Geol., Band 15. 148 S., 13,— M

Zusammenfassende Übersichten über die geologische Literatur von Sachsen gaben 1874 A. JENTZSCH für die Jahre 1835 bis 1873, K. PIETZSCH 1922 und 1953 für die Zeiträume 1870 bis 1920 bzw. 1921 bis 1950 und zuletzt H. PRESCHER 1963 für 1951 bis 1960. Die Fülle neuer Arbeiten, die im Ergebnis der allgemeinen Forcierung und Intensivierung der geologischen Untersuchungstätigkeit seit 1960 erschienen ist, machte es notwendig, die zeitlichen Abstände für derartige Literaturzusammenstellungen noch kürzer zu wählen. H. PRESCHER vermittelt im Bd. 15 der Abhandlungen des Staatlichen Museums für Mineralogie und Geologie zu Dresden einen Überblick über die seit 1960 bis einschließlich 1965 herausgekommenen Veröffentlichungen, die die Geologie Sachsens (Bezirke Dresden, Karl-Marx-Stadt und Leipzig) direkt oder auch nur randlich behandeln. 1252 Zitate von 638 Autoren wurden aufgenommen. Gegliedert ist der Bericht — in Anlehnung an die von K. PIETZSCH gegebenen Zusammenstellungen — in neun Hauptabschnitte. Der erste Abschnitt „Allgemeines" enthält Biographien sächsischer Geologen, Schriften über die geologische Erforschung des Landes, Mitteilungen über Tagungen u. a. m. Im zweiten Kapitel sind zusammenfassende geologische Arbeiten regionalen Charakters, sowohl über das Gesamtgebiet als auch über die Einzelteile (Lausitz, Erzgebirge, Vogtland usw.), sowie neue geologische Karten, geologische Führer und Exkursionsberichte aufgeführt. Speziellere Abhandlungen über die „Kristallinen Gebirgsglieder" (Erzgebirgsgneise, Gesteine des Granulitgebirges, Granite der Lausitz, tertiäre Ergußgesteine u. a.) und die „Sedimentären Gebirgsglieder" (unterteilt nach stratigraphischen Einheiten vom Präkambrium bis zum Holozän) umfaßt der Abschnitt drei. Ihm folgen die Teile „Mineralien" (Literatur über Mineralien und Mineralfundpunkte), „Erzlagerstätten" (Erzgänge des Freiberger Reviers, Zinnerzlagerstätten des Erzgebirges und des Vogtlands usw.), „Andere nutzbare Lagerstätten" (Braunkohle, Kaolin und Ton, Steine und Erden) sowie „Bergbau". Das bei K. PIETZSCH noch ausgeschiedene Kapitel acht über „Erdbeben" wurde nicht behandelt. Dies trifft in gleichem Maße für alle übrigen geophysikalisch orientierten Arbeiten zu. Im neunten Abschnitt sind die hydrogeologische Literatur und in einem Anhang diejenige über Ingenieurgeologie, Naturschutz und Höhlen enthalten. Den Abschluß bildet ein Autorenverzeichnis.

D. FRANKE

N. L. ZENKEVITSCH

Atlas fotografij dna Tichogo Okeana (Photoatlas des Bodens des Stillen Ozeans)

Isd. „Nauka", Moskva (1970), 134 S., davon 13 S. Text, 2 Abb., 205 Fotos, 17 Lit.

Der vorliegende Atlas mit 205 Schwarzweißfotos aus verschiedenen Teilen des Pazifischen Ozeans ermöglicht interessante Einblicke in Mikrorelief, Bodensedimente und die Fauna des Ozeanbodens. Es handelt sich um eine Auswahl aus ca. 1700 Unterwasserfotos, die von den Forschungsschiffen „Witjas" und „Akademik Kurtschatow" der Akademie der Wissenschaften der UdSSR im Verlauf von 15 Jahren an ca. 175 Stationen aufgenommen wurden. Die Aufnahmen entstammen unterschiedlichen geomorphologischen Zonen mit Wassertiefen von 20 bis 6200 m. Jede Photographie gibt ein Areal von 1 bis 4 m^2 wieder. Ein Teil der Aufnahmen zeigt die Änderungen des Ozeanbodens während der Drift der Forschungsschiffe, wobei die Abstände zwischen zwei Aufnahmen 10 bis 70 m betragen können. (Dabei betrug im allgemeinen die Zeitdifferenz zwischen den einzelnen Aufnahmen 1,5 Minuten).

Die im Atlas wiedergegebenen Photographien (die Qualität der Bilder wird leider in manchen Fällen durch das benutzte Rasterverfahren gemindert) sind nach morphologischen Einheiten geordnet: Kontinentalschelf (7 Abb.), Kontinentalabhang (51 Abb.), Becken der Übergangszone (6 Abb.), Ozeanbecken (65 Abb.), Ozeanschwellen (7 Abb.), untermeerische Gebirgsrücken (11 Abb.), Unterwasserberge (36 Abb.).

In kurzen Worten werden diese Einheiten beschrieben und nähere Erläuterungen zu den abgebildeten Fotos gegeben. Der Geowissenschaftler wird mit besonderem Interesse die Aufnahmen von Sedimentstrukturen, Benthos (die abgebildete Fauna wird eingehend beschrieben), Lebensspuren und besonders den vielfältigen Formen der Eisen-Mangan-Konkretionen betrachten. Die beigegebenen Profile und Karten erleichtern das Verständnis der Abbildungen.

Eine baldige Edition ähnlicher Fotoatlanten über die Bodensedimente des Atlantiks und des Indiks wäre wünschenswert.

P. KRÜGER

Neuerscheinungen und Literaturhinweise

BAZINSKI, J., & S. TUREK

Lexikon der Hydrogeologie und Ingenieurgeologie
Warschau: Verlag Geol. 1969. 192 S., 2 S. Lit.

...

Chemie der seltenen und dispersen Elemente
Frunse: Verlag Ilim 1969. 150 S., getr. Lit.

...

Das Energiehandbuch
Braunschweig: Vieweg-Verlag 1970. 306 S., 163 Abb., 92 Tab., getr. Lit.

...

Gesetzmäßigkeiten der Verteilung von Bodenschätzen Bd. 9: Probleme der Metallogenie des Tienschan
Moskau: Verlag Nauka 1970. 352 S., getr. Abb., Tab., Lit.

...

Graben problems. Proceedings of an International Rift Symposium held in Karlsruhe october, 10—12, 1968, sponsored by the Deutsche Forschungsgemeinschaft (Internat. Upper Mantle Project. Scient. Report No. 27)
Stuttgart: Verlag Schweizerbart 1970. 316 S., 158 Abb., 8 Tab., 20 S. Lit.

...

Probleme der Stratigraphie des Karbons
Moskau: Verlag Nauka 1970. 299 S., getr. Lit.

...

Stratigraphisches Lexikon
Warschau: Verlag Geol. 1968. 530 S., 20 Tab.

...

Synthetic liquid fuels from oil shale, tar sands, and coal (Quart. Colorado School of Mines, Vol. 65, No. 4)
Golden, Colorado: Colorado School of Mines 1970. 241 S., getr. Lit.

WOIKOWITSCH, G. W.

Radioaktivität in der Erdgeschichte
Moskau: Verlag Nauka 1970. 168 S., 31 Abb., getr. Lit.

WOLKOW, L. F., u. a.

Gewinnung und Ölfeldförderung paraffinhaltiger Erdöle
Moskau: Verlag Nedra 1970. 184 S., 51 Abb., 44 Tab.

...

Zur epirogenen Geschichte des Saxonikums II
Stuttgart: Verlag Schweizerbart 1969. 97 S., 50 Abb., getr. Lit.

...

Die sowjetische Literatur über Sedimentgesteine und Bodenschätze von 1917 bis 1967
Moskau: Verlag Nauka 1970. 210 S.

...

Terminologisches Wörterbuch für das Geologische Erkundungsbohren (Mit engl., bulg., ung., mongol., dt., poln., rumän., franz., tschech. Nebentiteln)
Warschau: Verlag Geol. 1970. 372 S.

MILLOT, G.

Geology of clays. Weathering, sedimentology, geochemistry
New York usw.: Springer-Verlag (u. a.) 1970. 429 S., 37 S. Lit. (aus d. Franz.)

PAPE, H.

Leitfaden zur Gesteinsbestimmung mit Tabelle zur Bestimmung der wichtigsten Gesteine nach einem Schlüssel mit mehrfachen Verzweigungen
Stuttgart: Enke-Verlag 1971. 75 S., 1 S. Lit.

Informationen

Bedeutung der Kohle in der UdSSR

Ende 1970 betrug die Gesamtleistung aller Kraftwerke in der UdSSR ca. 166000 MW. Davon entfielen 134000 MW auf Wärmekraftwerke, 31000 auf Wasserkraftwerke und 1000 MW auf Atomkraftwerke. Die überragende Bedeutung der Wärmekraftwerke ist augenfällig. Um diese Entwicklung voranzutreiben, sind allein im ukrainischen Kohlenbergbau 30 neue Schächte im westlichen Bezirk des Donbass geplant. Hier hatte erst vor sechs Jahren die Förderung von Kokskohle begonnen. Des weiteren sollen 30 Schachtanlagen im „alten" Teil des Donezbeckens errichtet bzw. erweitert werden. Unter diese fällt auch die Schachtanlage Krasnojamejskaja—Kapitalnaja, die auf eine jährliche Fördermenge von 4 Mill. t Steinkohle angelegt ist. Sie wird damit die leistungsfähigste der ganzen Sowjetunion sein.

Steigende Gewinnung von Kraftwerkskohle

Die Lieferungen von Kohle an Kraftwerke haben sich in Europa und in den USA zwischen 1955 und 1967 verdoppelt. In der UdSSR trat eine 100%ige Verbrauchssteigerung sogar in noch kürzerer Zeit ein, nämlich zwischen 1961 und 1967. Nach Auffassung des USA-Kohlemarktausschusses wird diese Tendenz in Europa mindestens bis 1975 anhalten.

Sowjetische Hilfe für Algerien

Zwischen der Staatlichen Algerischen Bergbaugesellschaft und der Sowjetunion ist ein Siebenjahrvertrag über geologisch-bergwissenschaftliche Zusammenarbeit abgeschlossen worden. Während der Vertragszeit sollen alle wichtigen Lagerstätten mineralischer Rohstoffe in Algerien untersucht und eingehend erkundet werden. Nach einem bereits früher abgeschlossenen ähnlichen Vertrag beteiligen sich bereits sowjetische Geologen an einem gleichlautenden Teilprogramm, das die Hoggarberge in Südalgerien zum Gegenstand hat.

Alte und neue Erdöllagerstätten in Nigeria

Bis Anfang 1969 konnten in Nigeria insgesamt 75 Kohlenwasserstofflagerstätten nachgewiesen werden. Fast alle waren auch in Produktion genommen worden. Es handelte sich um 73 Erdölfelder, die fast alle eine sehr gute Ergiebigkeit zeigen, und die Erdgasfelder Akata und Romuepke.

Die Erdölfelder befinden sich überwiegend auf dem Festland. Hier sind 59 Einzellagerstätten entdeckt worden, die beiderseits des Nigerflusses in der mittelwestlichen Region sowie in der ehemaligen Ostregion liegen. Das Gebiet des Nigerdeltas wird heute als selbständige Region „Rivers" angesprochen. Außerdem sind 14 Erdölfelder im Offshore-Bereich erschlossen worden. Unter diesen ragt das Feld Okan bedeutungsmäßig hervor.

Der weitaus überwiegende Teil aller Lagerstätten ist in den Händen von Shell und British Petrol. Von ihnen werden 55 Erdölfelder — davon 52 auf dem Festland und drei Offshore-Lagerstätten nebst den beiden Erdgasfeldern — ausgebeutet. In den Händen anderer nordamerikanischer, britischer und französischer Konzerne befinden sich die Lagerstätten Ebocha und M'Bede, Gilli-Gilli, Kanuskiri-Kurogbagba und Owopele, Obagi und Upomani. Ausschließlich im Offshore-Bereich sind fündig geworden die Felder Delta, Delta Sud, Meji, Meren und das bedeutende Feld Okan, vier weitere, die noch nicht näher bezeichnet sind, und schließlich Okubie und Pennington.

Die Qualität des Rohöls aus den erschlossenen und in Ausbeute stehenden Feldern schwankt zwischen 25,5 und 41,1° API. Im allgemeinen ist das nigerianische Rohöl sehr schwefelarm. Beide Qualitätsmerkmale lassen es für den Weltmarkt interessant erscheinen.

Zum Bau der Trans-Ecuador-Pipeline

Mit den Bauarbeiten der Trans-Ecuador-Pipeline vom E Ecuadors über die Anden bis an die pazifische Küste wurde bereits begonnen. Das Projekt wird voraussichtlich in der zweiten Hälfte des Jahres 1972 abgeschlossen sein. Die Pipeline wird eine Anfangskapazität von 12,5 Mill. t/a haben. Sie soll in Lago Agrio beginnen und das Rohöl aus den Ölfeldern des ecuadorianischen Amazonasbeckens über die Anden zum pazifischen Hafen Esmeraldas transportieren. Mit den technischen Vorstudien für eine große Seeverladestation in Esmeraldas, wo das Rohöl von Tankern übernommen werden soll, wurde bereits begonnen. Das Leitungssystem besteht aus einer über 500 km langen Hauptleitung mit einem Durchmesser von 26" bzw. 20" und 92 km Sammelleitungen. An den Osthängen der Anden werden fünf Pumpstationen und an den Westhängen vier Druckminderungsstationen errichtet. Die Kosten für diese Pipeline werden auf rd. 1,2 Mrd. DM geschätzt.

Die größte Höhe bei der Überquerung der Anden erreicht die Trans-Ecuador-Pipeline bei mehr als 4000 m; sie wird damit zu den höchstgelegenenÖlleitungen der Welt gehören. An ihrem höchsten Punkt liegt sie etwa 600 m höher als die kürzlich durch Südkolumbien gelegte Trans-Anden-Pipeline.

Dänemarks Nordsee-Erdöl

Wie in Kopenhagen bekannt gegeben wurde, beabsichtigt man die Aufnahme einer regelmäßigen Erdölförderung aus der 1966 etwa 200 km westlich von Esbjerg an der geologischen Struktur A in der Nordsee entdeckten Erdöllagerstätte. Die Produktion des Erdöls soll jeweils mit Hilfe einer fünf Sonden vereinigenden, befestigten permanenten Plattform sowie durch eine kurze Pipeline erfolgen. Man rechnet ab Frühjahr 1972 zunächst mit einer Jahresausbeute von rund 200000 t.

Schon bei der Entdeckung der ersten Lagerstätte war klargeworden, daß es sich um eine relativ kleine handelt. Die Erdölsuche auf dem dänischen Festland war bisher erfolglos geblieben. Weiter nordwestlich der Struktur A wurde im Ostseebereich Erdöl auch an der Struktur I und Erdgas an den Strukturen H und E erbohrt.

Suez-Pipeline

Aller Voraussicht nach wird die von einem internationalen Konsortium geplante Rohölpipeline von Ain Soukna südlich Suez nach Alexandria am Mittelmeer, die den Suezkanal für Rohöltransport ersetzen oder doch wenigstens ergänzen soll, in Kürze gebaut. Das Öl könnte mit Supertankern bis Suez transportiert und durch die Pipeline nach dem Mittelmeerhafen Alexandria gepumpt werden, der dann Ausgangspunkt für den Weitertransport mit Tankern nach Triest oder Rotterdam wäre. Dem Vernehmen nach soll die Leitung einen Durchmesser von 42" und eine anfängliche Durchsatzkapazität von 40 Mill. t jährlich erhalten, die später auf 60 Mill. t gesteigert werden soll.

Erzsuche in Ostgrönland

Seit der Entdeckung der später abgebauten und nunmehr erschöpften Blei-Zink-Lagerstätte von Mesters Vig durch LAUGE KOCH im Jahre 1948 laufen mit teilweiser Unterstützung der dänischen Regierung weitere Sucharbeiten auf Erzlagerstätten in diesem Teil Grönlands.

Als erstes Ergebnis dieser Arbeiten ist der bedeutende Fund des etwa 30 km südlich von Mesters Vig gelegenen „Molybdän-Erzbergs" im Bereich des Wernersbjerge-Plutons zu betrachten, der sechs Jahre nach der Erstentdeckung — durch Gerölle, die mit Molybdänglanz imprägniert waren — gelang. Daneben konnte in den nachfolgenden Jahren eine recht große Zahl von Erzanzeichen und unbauwürdigen Vorkommen festgestellt werden.

Die Tatsache, daß man den Erzberg erst zu einer Zeit entdeckte, als das Gebiet zwischen Mesters Vig und Schuchertdal schon hinlänglich bekannt war, zeigt, wie leicht sogar eine Lagerstätte mit über 100 Mill. t nachgewiesenem Erz übergegangen werden konnte.

Uranlagerstätte in Nordaustralien

Wie von uns bereits berichtet, wurde kürzlich im Norden von Australien eine bedeutsame Uranlagerstätte entdeckt. Hierüber liegen nun Einzelheiten vor.

Die Lagerstätte befindet sich in der Nähe von Nabarlek, 270 km östlich von Darwin, im Nordterritorium. Sie wird als eine der größten, wenn nicht überhaupt als die reichste Uranlagerstätte in der Welt bezeichnet. Die sie durchteufenden Bohrungen brachten Erze mit einem Gehalt von 65% U_3O_8 zutage. Die ersten Berechnungen stützen die Einschätzung, daß dort Erze von dieser Qualität in der Größenordnung von 50000 t U_3O_8 vorliegen. Insgesamt gesehen spricht man von 185000 t Erz mit 27% U_3O_8. Der Abbau kann im Tagebau erfolgen und soll keine großen technischen Schwierigkeiten bereiten. Er wird in Kürze in Angriff genommen.

Manganerz in Indien

Im Jahre 1969 förderte Indien insgesamt 1,605 Mill. t Manganerz gegenüber 1,602 Mill. t im Jahre 1968. Damit liegt es unter den Manganerzproduzenten der Welt an dritter Stelle. Der Geological Survey of India schätzt die bauwürdigen Manganerzvorräte mit über 30% Mn-Gehalt auf 181,6 Mill. t. Im Jahre 1969 exportierte Indien 1,184 Mill. t Manganerz. Japan war in diesem Jahr mit 0,845 Mill. t der bedeutendste Abnehmer.

Grundwasserbeobachtung in der Erdbebenforschung

Im nördlichen Tienschan haben Wissenschaftler der Kasachischen SSR den Wasserstand, die chemische Zusammensetzung und die elektrische Leitfähigkeit von unterirdischen Gewässern unter ständige Kontrolle genommen. Es ist festgestellt worden, daß sich deren Werte vor schweren Erdbeben wesentlich und anscheinend gesetzmäßig verändern. Man hofft, die inneren Zusammenhänge zwischen den Veränderungen von Merkmalen unterirdischer Gewässer und den Erdbeben aufhellen zu können. In solchem Falle wird es möglich sein, wissenschaftlich begründete Voraussagen über die Zeit und den Ort von bevorstehenden Beben im ganzen südlichen Teil von Kasachstan treffen zu können.

Grundwassermodell des Tschadsees

Um zu prüfen, wie sich Eingriffe in den Grundwasserhaushalt des Tschadseebeckens auswirken, hat die UNESCO ein Modell in Form eines Analogrechners entwickelt. An seiner Konstruktion haben sich der amerikanische Geologische Dienst sowie englische, französische und holländische Ingenieure beteiligt.

Das Modell soll den Wirtschaftsplanern der im Tschadseebecken liegenden Staaten Kamerun, Tschad, Niger und Nigeria eine Entscheidung darüber erlauben, in welchem Umfang sie dem Untergrund Grundwasser für kurz- oder langfristige Entwicklungsprojekte entnehmen können. Die Bevölkerung dieser Gegend, heute etwa vier Mill. Menschen, nimmt jährlich um ungefähr 3% zu. Sie besteht vorwiegend aus Bauern, Fischern und Hirten. Schätzungen ergaben, daß zusätzlich eine Mill. ha fruchtbaren Landes bebaut werden könnte, wenn ausreichend Wasser vorhanden wäre. Das Modell zeigt, daß der Vorrat an artesisch gespanntem Tiefenwasser keine langfristige Entnahme für Bewässerungszwecke zuläßt. Andererseits verdeutlicht das Modell, daß ohne Risiko Wasser aus dem Grundwasser in Nähe der Erdoberfläche entnommen werden kann. Ähnliche Informationen hätte man ohne das Modell nur durch mehrjährige Pumparbeiten an Versuchsbrunnen gewinnen können. Das maßstabgerechte Modell des Tschadseebeckens ist nach Meinung von Fachleuten das größte seiner Art für Afrika. Ein zweites Modell wird demnächst die Grundwasserverhältnisse in der nördlichen Sahara auf dem Territorium von Algerien, Tunesien und Libyen nachahmen.

Energiequellen für Westeuropa

Westeuropa wird in den kommenden Jahren und Jahrzehnten vor der Notwendigkeit stehen, in noch stärkerem Maße als bisher auf Energiequellen aus außereuropäischen Ländern, insbesondere auf Erdöl aus dem Nahen Osten und aus Nordafrika, zurückzugreifen. Eine sichere, ausreichende und preisgünstige Energieversorgung wird auch davon abhängen, inwieweit insbesondere die Förderkapazitäten des Kohlenbergbaus aufrechterhalten bleiben.

Diese inländischen Energiequellen können Westeuropa keine absolute Unabhängigkeit in der Versorgung bieten. Sie leisten jedoch einen wesentlichen Beitrag zur Diversifikation seiner Versorgungsquellen und können dies auch in der Zukunft tun. Die Entwicklung der beiden vergangenen Jahre auf dem Kokskohlenmarkt hat deutlich werden lassen, daß auf den westeuropäischen Steinkohlenbergbau nicht verzichtet werden kann. Auch soweit ergänzend Kokskohlen aus dritten Ländern eingeführt werden müssen, befinden sich die Länder, die heute noch über eine eigene große Steinkohlenförderung verfügen, in einer günstigen Position. Das kann bald auch für den gesamten Bereich des Wärmemarkts gelten, für den die sonstigen Möglichkeiten einer Streuung der Energiebezugsquellen um so begrenzter sind, als kürzlich die USA erklärten, daß sie bei einer Unterbrechung der Öllieferungen aus dem Mittleren Osten von 1975 an keine Gewähr für Lieferungen amerikanischen Erdöls nach Westeuropa mehr übernehmen können.

Es erscheint deshalb dringend notwendig, daß die westeuropäischen Länder ihre Pläne, die auf eine weitere Schrumpfung des inländischen Steinkohlenbergbaus abzielen, einer erneuten Prüfung unterziehen. Das gilt insbesondere für die Kokskohlenförderung, ist jedoch u. a. auch für die Elektrizitätswirtschaft von zunehmender Bedeutung.

Kurznachrichten

Bis 1975 wird sich die **Erdgasförderung** im sowjetischen Teil **Mittelasiens** verdoppeln. Bis 1980 soll sie bis auf 120 Mrd. m^3/a ansteigen. Dazu werden rund 20 Erdgaslagerstätten mit einem Vorrat von insgesamt 1,5 Bill. m^3 erschlossen.

Der tiefste Schacht Nordafrikas ist die unter staatlicher Leitung stehende **Eisenerzgrube** von Quixa in der Provinz Nador, **Marokko**, mit rund 400 m Teufe. Sie wurde errichtet, nachdem der Tagebau Axara nahezu erschöpft war.

Bei Sucharbeiten auf Uran ist in **Moçambique** in der Nähe von Vila Pery eine **Eisenerzlagerstätte** mit einem Inhalt von ca. 100 Mill. t Erz mit Gehalten bis zu 47,4% Fe entdeckt worden. Die Erze enthalten wenig Schwefel und Phosphor und kein Titan.

Die an der Mündung der Angara **(Sibirien)** entdeckte **Blei-Zink-Lagerstätte** ist ein Teil einer mächtigen Erzzone, die sich über 12000 km^2 erstreckt. Bisher sind dort mehr als 25 Blei- und Zinkausbisse festgestellt worden.

Nach nordamerikanischen Angaben belief sich die **Weltgoldgewinnung 1970** auf rd. 48,0 Mill. Unzen gegenüber 46,4 Mill. Unzen im Vorjahr. Die Sowjetunion nimmt mit 6,5 Mill. Unzen gegenüber 6,3 Mill. Unzen im Vorjahr den zweiten Platz in der Weltproduktion ein.

Auf einer Fläche von 120 km^2 wurde in **Mexiko**, im Staate Pueblo, eine neue **Bauxitlagerstätte** entdeckt. Der Tonerdegehalt liegt zwischen 50 und 60%. Mexiko hofft, mit dem Abbau dieser Lagerstätte von Tonerdeimporten unabhängig zu werden.

Spanien verstärkt seine **Bergbauproduktion**. Phosphorerz soll bis 1980 in Mengen bis zu 10 Mill. t/a, Eisenerz bis zu 10,5 Mill. t/a (heute 3,4 Mill. t) gewonnen werden. Bei Schwefelkies ist eine Steigerung von 2,7 auf 5,4 Mill. t/a vorgesehen.

Die **Kalksteinversorgung der DDR** erfolgt durch die Tagebaue Karsdorf, Bernburg und Rüdersdorf für die Kalk- und Zementindustrie, durch den Tagebau Kamsdorf für die Eisenhüttenindustrie, in Caaschwitz für die Feuerfestindustrie und in Rübeland für die chemische Industrie.

Der **sowjetische Hydrometeorologische Dienst** will ein 170bändiges Nachschlagewerk über das gesamte Klimagebiet der UdSSR herausgeben. Ein fast ebenso umfangreiches Werk wird die genaue Beschreibung aller Flüsse und Seen des Landes enthalten.

Die **Thermalquellen** der **Aserbaidshanischen SSR** liefern täglich mehr als 30 Mill. l Wasser mit Temperaturen bis 70°C. Die 500. Thermalquelle in dieser Republik ist jetzt in der Kura-Siedlung gefunden worden. Sie bringt Wasser aus 1000 m Teufe in einer Menge von 150 l/s.

In den nächsten Heften

der

Zeitschrift für angewandte Geologie

erscheinen u. a. folgende Beiträge

M. K. KALINKO: Zur Theorie der hypergen-vulkanogen-sedimentären Entstehung großräumiger Salzablagerungen

I. A. ODESSKI & A. I. AJNEMER: Die harmonische Analyse sedimentärer Folgen zur Ermittlung der Periodizität der Sedimentation

P. BILZ & A. MORENZ: Ermittlung des Grades der Inhomogenität von Körnungsbändern mit Hilfe des Kleinrechners Cellatron SER 2c

H. HETZER: Oceanexpo 71 — Internationale Ausstellung und Kolloquium für Meeresforschung in Bordeaux (Frankreich)

G. I. MAKSIMOW: Die Wiederverwendung von Erdöl-Erdgas-Bohrungen bei hydrogeologischen Arbeiten auf Thermal- und Gebrauchswässer

W. NOWEL: Neue Erkenntnisse über endogentektonische Lagerungsstörungen im Niederlausitzer Braunkohlenrevier

M. MÜCKE: Überlegungen zum Leistungsvertrag über die geologische Erkundung fester mineralischer Rohstoffe (insbesondere Steine—Erden) und Grundwasser

G. MAGALOWSKI: Ermittlung von Winkel- und Gefällewerten aus Kolonnenprofilen

W. W. SACHAROW: Der ökonomische Nutzeffekt der geologischen Erkundungsarbeiten auf Erdöl und Erdgas in der ASSR der Komi

E. KUSCHKA: Über die Ergebnisse einer Neubearbeitung hydrothermaler Gangmineralisationen des Erzgebirges, Granulitgebirges und Vogtlandes

CH. WAGNER: Untersuchungen der Schallgeschwindigkeit in Gesteinen unter hydrostatischem Druck

W. KLEMM: Spektrochemische Bestimmung von Spurenelementen in kleinen Erdöl- und Bitumenproben

W. SCHRÖN: Bemerkungen zur Interpretation von Germaniumgehalten in Lagerstättenparagenesen

Herausgeber: Prof. Dr. KARL SCHMIDT, Direktor des Zentralen Geologischen Instituts im Auftrag des Staatssekretariats für Geologie beim Ministerrat der Deutschen Demokratischen Republik. Für die kollektive Chefredaktion: Dr. K. KAUTER (Redaktionssekretär), Berlin. Redaktion: 1054 Berlin, Kastanienallee 69 (Fernsprecher 2262080 u. 2262081). Verlag: Akademie-Verlag GmbH, 108 Berlin, Leipziger Str. 3—4 (Fernsprecher 220441, Telex 0112020, Postscheckkonto: Berlin 35021). Bestellnummer des Heftes 1047/18/1. Alleinige Anzeigenannahme DEWAG-WERBUNG, 102 Berlin, Rosenthaler Str. 28—31, und alle DEWAG-Betriebe in den Bezirksstädten der DDR. Exportpreis: M 6,—, Sonderpreis für die DDR: M 2,— je Heft. — Satz und Druck: VEB Druckhaus „Maxim Gorki", 74 Altenburg. Veröffentlicht unter der Lizenznummer 1279 des Presseamtes beim Vorsitzenden des Ministerrates der Deutschen Demokratischen Republik, Kartengenehmigung Nr. P 487/71, P 461/71

ABHANDLUNGEN

des Zentralen Geologischen Instituts

Bisher erschienen

D. Franke

Stratigraphisches Korrelationsschema für das Silur der Deutschen Demokratischen Republik und angrenzender Gebiete

1964 – 36 Seiten – Anlageband mit 6 Tabellen – Halbleinen M 10,–

Heft 1

10 Jahre Paläontologie. Bericht über das Jubiläums-Kolloquium des Bereiches Paläontologie im Zentralen Geologischen Institut

1965 – 313 Seiten – 12 Abbildungen – 8 Tabellen – 24 Bildtafeln – Halbleinen M 15,–

Heft 2

H. Kado, F. Reuter, G. Bachmann

Die ingenieurgeologischen Eigenschaften der wichtigsten Lockergesteine der DDR unter Berücksichtigung ihrer Genese und physikalischen Kennzahlen

1966 – 134 Seiten – 107 Abbildungen – 15 Tabellen – Anlageband – Halbleinen M 15,–

Heft 3

Kolloquium aus Anlaß des 15jährigen Bestehens der Arbeitsgruppen Ingenieurgeologie am 20. und 21. Mai 1965 in Berlin

1965 – 97 Seiten – 2 Karten – 22 Abbildungen – 6 Tabellen – Halbleinen M 15,–

Heft 4

D. Rau

Untersuchungen zur Morphologie und Genese der Lößböden im Thüringer Becken

1965 – 71 Seiten – 12 Abbildungen – 14 Tabellen – Halbleinen M 10,–

Heft 5

I. Diener

Stratigraphisches Korrelationsschema für die Kreide der Deutschen Demokratischen Republik und angrenzender Gebiete

1966 – 137 Seiten – 6 Abbildungen – 3 Text-Tabellen – 12 Anlagen-Tabellen – Halbleinen M 15,–

Heft 6

H. Pfeiffer

Stratigraphisches Korrelationsschema für das Devon der Deutschen Demokratischen Republik und angrenzender Gebiete

1967 – X und 74 Seiten – 1 Abbildung – 4 Text-Tabellen – 5 Anlagen-Tabellen – 1 mehrfarbiges Profil – Halbleinen M 15,–

Heft 8

H. Döring, W. Krutzsch, D. H. Mai, E. Schulz

Erläuterung zu den sporenstratigraphischen Tabellen vom Zechstein bis zum Oligozän

1966 – 149 Seiten – 8 Anlagen-Tabellen – Halbleinen M 15,–

Heft 9

Instruktion für die Anfertigung einheitlicher ingenieurgeologischer Grundkarten

1967 – VIII und 35 Seiten – Farb- und Zeichenerklärung – 9 Anlagen – Halbleinen M 15,–

Heft 10

Klimaänderungen im Tertiär aus paläobotanischer Sicht

1967 – LII und 228 Seiten – 28 Abbildungen – 11 Bildtafeln – Halbleinen M 30,–

Heft 11

H. Kästner

Zur Geologie der Kalisalz- und Kohlensäurelagerstätten im südlichen Werra-Kaligebiet

1969 – XI und 96 Seiten – 23 Abbildungen – 2 Tabellen – Halbleinen M 25,–

Heft 13

P. Puff

Über den Unteren Buntsandstein am Südrand des Thüringer Beckens

1969 – VII und 97 Seiten – 25 Abbildungen – 13 Tabellen – Halbleinen M 25,–

Heft 14

Autorenkollektiv

Engineering-Geological Mapping in the Countries of the Council of Mutual Economic Aid

1968 – X und 148 Seiten – 28 Abbildungen – 6 Tabellen – 10 Anlagen – Halbleinen M 30,–

Heft 16

H. Lange, C. Schröter

Bibliographie der geologischen Wissenschaften für die Deutsche Demokratische Republik, Veröffentlichungen des Jahres 1967

1969 – 279 Seiten – Halbleinen M 40,–

Heft 18

Sporenpaläontologischer Sammelband

1971 – XXXI und 224 Seiten – 36 Abbildungen – 3 Tabellen – 43 Bildtafeln – Halbleinen M 60,–

Heft 20

H. Lange, C. Schröter

Bibliographie der geologischen Wissenschaften für die Deutsche Demokratische Republik, Veröffentlichungen des Jahres 1968

1970 – 305 Seiten – Halbleinen M 40,–

In Vorbereitung befinden sich

Heft 15

H. Pfeiffer

Stratigraphisches Korrelationsschema für das Dinant der Deutschen Demokratischen Republik

Heft 17

C. Adam

Beiträge zur Kenntnis der Kaoline und Tertiärtone in Nordostsachsen

Heft 19

P. Krüger

Die Verteilung der Schwefelisotope in sedimentären Eisensulfiden unter Berücksichtigung der Redoxbeziehungen im Bildungsraum

Heft 21

H. Wiefel

Die geologische Entwicklung der Lahn-Dill-Erzlagerstätte Görkwitz bei Schleiz (Oberdevon und tiefes Dinant, Thüringisches Schiefergebirge)

Bestellungen nimmt die Vertriebsstelle des Zentralen Geologischen Instituts, 104 Berlin, Invalidenstraße 44, entgegen.

Bei Fragen zur Produktsicherheit wenden Sie sich bitte an:
If you have any questions regarding product safety,
please contact:

Walter de Gruyter GmbH
Genthiner Straße 13
10785 Berlin
productsafety@degruyterbrill.com